安心家庭

# 轻松省力
# 做家务

张春红 ◎主编

黑龙江科学技术出版社
HEILONGJIANG SCIENCE AND TECHNOLOGY PRESS

图书在版编目（CIP）数据

轻松省力做家务 / 张春红主编 . -- 哈尔滨：黑龙
江科学技术出版社，2018.5
（安心家庭）
ISBN 978-7-5388-9612-1

Ⅰ．①轻…　Ⅱ．①张…　Ⅲ．①家庭生活－基本知识
Ⅳ．① TS976.3

中国版本图书馆 CIP 数据核字 (2018) 第 058803 号

# 轻松省力做家务

QINGSONG SHENGLI ZUO JIAWU

| | | |
|---|---|---|
| 作　　者 | 张春红 | |
| 项目总监 | 薛方闻 | |
| 责任编辑 | 马远洋 | |
| 策　　划 | 深圳市金版文化发展股份有限公司 | |
| 封面设计 | 深圳市金版文化发展股份有限公司 | |
| 出　　版 | 黑龙江科学技术出版社 | |
| | 地址：哈尔滨市南岗区公安街 70-2 号　邮编：150007 | |
| | 电话：（0451）53642106　传真：（0451）53642143 | |
| | 网址：www.lkcbs.cn | |
| 发　　行 | 全国新华书店 | |
| 印　　刷 | 深圳市雅佳图印刷有限公司 | |
| 开　　本 | 685 mm × 920 mm　1/16 | |
| 印　　张 | 13 | |
| 字　　数 | 180 千字 | |
| 版　　次 | 2018 年 5 月第 1 版 | |
| 印　　次 | 2018 年 5 月第 1 次印刷 | |
| 书　　号 | ISBN 978-7-5388-9612-1 | |
| 定　　价 | 39.80 元 | |

# 目 录
## CONTENTS

## Part 1 掌握原则，轻松做家务

# Part 2 家务生活中，做好节俭工作

# Part 3 美观又明亮的客厅

# Part 4 让厨房不再油腻

**Part 6　保持浴室的干净干爽**

Part

**1**

# 掌握原则，
# 轻松做家务

# 收纳不再烦琐

## 做好分类是基础

许多人之所以不爱做家务，往往是因为不知道从何下手，觉得这些东西放这里也可以，然后就原位置大致整理一下，好不容易做完家务后却发现没有什么变化，这样下一次就会觉得，既然整理了和没整理差不多，干脆就将就一下吧！殊不知，这样一将就，家里就会逐渐堆积没有用的物品啦！

家务的收纳整理，首先要学会分类。可以把物品全部清理出来，然后一一分类，什么东西应该放在卧室而不是客厅，什么应该放在浴室而不是阳台，这样找到正确的方法后，才能把大空间腾出来，继而再做细致的收纳整理，效果才更好！

## 选对方法很关键

充分考虑物品的特性和保存期限，选择适合的储物方法。比如有的物品不能放在潮湿的地方，应该放进收纳盒里再存放；有的物品不能长期保存，可以考虑放冰箱里，或经常能看到的地方，储藏时还可以标上保质期，方便了解什么时候过期，及时处理掉。

## 物品的位置需牢记

看到一个物品，我们应该把它归类放置，比如客厅、书房里出现的外套、披风，如果是需要清洗后再叠放在衣柜里，那样应该把它们先扔进脏衣服篮里，而不是想着：先放在一边，晚点再处理。这样的话，"放一边"的物品会越来越多，种类也越来越多，不仅增加了整理的工作量，也浪费了时间。

换季的衣服应叠放在收纳箱里，零散的票据、存款单要收拾好放在书房，鞋子一一分类放在鞋柜里等。

# 收纳工具帮助你

| 名称 | 作用 |
| --- | --- |
| 挂式储物格 | 可以收纳内衣、内裤、围巾、针织衣物等物品，由于是分成多个格子收纳，所以既便于分类和查找，又可以充分利用衣柜的立体空间 |
| 挂衣杆 | 用于挂放熨烫后的衣服，因为可以拆卸，更有助于空间的利用 |
| 挂钩类 | 粘钩可以粘在墙壁上，吊挂物品，极大地节省了空间，但是粘钩一般不能挂重物。S形挂钩可以放在壁柜的栏杆、铁架、吊杆上，可以灵活变通，也可以吊挂较重的物品 |
| 收纳盒 | 可以收纳领带、袖扣、皮带等物品，体积较小的收纳盒还可放进衣柜，不占用太多空间 |
| 储物箱 | 像过季不穿的衣服或暂时不用的物品，都可放在储物箱里，再存放到角落里。如果为了方便查找，还可以在储物箱上贴上标签，方便管理 |

# 清洁不再难

## 🏠 清洁顺序应先易后难

打扫时一般要遵循先易后难的原则。可以先从简单的打扫卧室开始,然后再打扫书房、客厅,最后再打扫厨房和厕所。

## 🏠 时时刻刻顺手打扫

洗衣服、进厨房时可以顺手做一些打扫、清理工作,这些工作可以在不占用太多时间和精力的情况下,通过日积月累、化整为零的方式去完成。

比如做完饭之后,及时擦洗料理台、洗碗池等。如厕后,可顺手清理马桶壁上的污垢。

## 🏠 重点打扫的地方需谨记

有目标性地集中打扫,可以有效地完成清洁工作。一些容易藏污纳垢的地方可以集中打扫,只有重点打扫,才能更明确地准备清洁用品,打扫也更有序。比如,可以集中清洁窗框沟的污垢;可以集中对门把手进行清洁等。

## 🏠 干湿处理巧利用

如果有些物品的污垢太厚,最好用湿抹布先擦洗一遍,然后再用干抹布轻轻抹干净,物品就不会留下水渍。如果只是用湿抹布擦洗,则容易留下水渍,时间一长,就容易发霉,而且再清洗时会变得困难。

## 吸尘后清洁更轻松

用清水或用洗涤剂清洗地面时，最好先吸尘，再清洁。如清扫地面后，再用吸尘器进一步吸尘，最后再清洗，可以达到事半功倍的效果，让打扫更加省时省力。

## 严重污垢这样处理

有一些严重的污垢很难清洗，让很多主妇们头疼。其实清洗严重的污垢很简单，只要先溶解污垢，再清洗就简单多了。比如，可以先将清洁剂喷在严重的污垢上，静置 10 ~ 15 分钟，待清洁剂将污垢溶解后再清理，就能达到最佳效果。

## 垃圾要及时清理

每天及时清理垃圾，不仅可以让打扫更轻松，而且还可以避免二次污染。不要将垃圾堆在一起最后清理，因为垃圾在转移的过程中，容易给地板或瓷砖造成二次污染，而且垃圾堆在一起存放两三天后便会滋生大量细菌、蚊虫，产生异味。因此，要及时处理垃圾。

# 🏠 清洁工具帮助你

| 名称 | 作用 | 图片 |
|------|------|------|
| 洗洁精 | 洗洁精有去污、除菌、分解油脂的作用，主要用于清洁碗筷和蔬果。洗洁精中含有表面活性剂，如果不清洗干净，食入后会影响人体代谢，造成很大伤害 | |
| 漂白剂 | 漂白剂主要通过氧化反应来达到漂白物品的功用，把一些物品漂白即把它的颜色去除或变淡。漂白剂常用于恢复衬衫的洁白，事实上漂白剂对衬衫有非常大的伤害，不宜常用 | |
| 杀虫剂 | 杀虫剂主要用于驱杀蚊虫。杀虫剂不可长期使用，因为杀虫剂含有很强的刺激性，会引起眼睛、呼吸道、皮肤等不适症状，长期接触杀虫剂还会导致神经系统紊乱，从而引起头痛、头晕等现象 | |

（续表）

| 名称 | 作用 | 图片 |
|---|---|---|
| 去污粉 | 去污粉具有很强的去污能力，可以有效清除油污和尘垢，是一种洗涤能力较强的粉状物质。去污粉颗粒粗糙，而且含有很多碱性物质，如果长期使用去污粉清洗、擦拭各种厨房设施、瓷器、水池等，则会产生较大的腐蚀作用，而且还会使手部出现脱皮、干燥的现象 | |
| 厕所清洁剂 | 厕所清洁剂主要是靠酸来去污杀菌的，其中盐酸是厕所清洁剂中最普遍使用的一种酸，但是盐酸具有非常强的刺激性气味，并且还有很强的腐蚀作用 | |
| 空气清新剂 | 空气清新剂是由乙醇、香精、去离子水等成分组成的，主要通过散发一些香味来掩盖异味，从而减轻人们因异味引起的不舒服的感觉。很多人喜欢将空气清新剂用于卧室、客厅，希望能营造清新的空气环境，但空气清新剂含有苯酚，不宜大量使用 | |

（续表）

| 名称 | 作用 | 图片 |
|------|------|------|
| 鸡毛掸子 | 鸡毛掸子是一种用鸡毛绑成的，用来清扫灰尘的工具。鸡毛掸子不但历史悠久，而且实用性很强，主要用于清洁家具、家电表面的灰尘 | |
| 吸尘器 | 吸尘器是利用空气吸力来将灰尘、纸屑吸入的清洁工具，比用扫帚更不会造成扬尘。吸尘器可用于各种角落、地板的污物搜集，使打扫更方便 | |
| 清洁布 | 清洁布由超细合成纤维制成，吸水耐磨，适合清洗换气扇等有污物的器具。清洁布和不同的洗涤剂一起使用，还能去除灰尘、油污、水印等 | |
| 清洁海绵 | 清洁海绵可以自动吸附物体表面的污渍，用清水也能洗掉物体表面的污垢。洗碗、清洗物品时，可用清洁海绵蘸取洗涤剂来擦洗油污等 | |

（续表）

| 名称 | 作用 | 图片 |
|------|------|------|
| 钢丝清洁球 | 钢丝清洁球能强力去污，可以用于清洗灶台、墙壁上的油污及洗手盆的水垢、地板的污垢等，尤其是煤气灶等有水垢和油垢的地方，经济耐用 | |
| 清洁刷 | 清洁刷包括各种形状、材质、大小不同的刷子，可以清洗厨具、衣物等，也可用于清洗厨房、卫生间等 | |
| 玻璃刮 | 玻璃刮一边是海绵的，蘸上洗涤剂之后能用来刷洗玻璃上的污渍；另一边是橡胶皮的，主要用来刮掉残留的水渍 | |
| 橡胶手套 | 橡胶手套是用橡胶薄膜或薄片制作而成的手套。橡胶手套可以用于避免各种酸、碱清洁剂及污渍腐蚀皮肤，能很好地保护双手 | |

（续表）

| 名称 | 作用 | 图片 |
|------|------|------|
| 扫帚 | 扫帚可以用于清扫地面、角落的各种垃圾，是家庭最常用、最普通的打扫工具之一 | |
| 垃圾铲 | 垃圾铲主要用来清理各个地方的垃圾，可以将地面、角落的垃圾顺手收集在一起，十分方面、实用 | |
| 拖把 | 拖把的主要作用是蘸取适量水分将地面污物溶开擦除。拖把又分为木杆拖把、拧水拖把、甩干拖把、胶棉拖把等类型 | |

Part

# 2

# 家务生活中，
做好节俭工作

# 节电这样做

## 手机

　　现在使用的智能手机功能强大，款式众多、方便简单，但却有一个缺点，就是不够省电。尤其是现在的人更多地将手机作为一种娱乐工具，满电的手机只能用一天左右。想要解决这个问题，就要学会让手机更省电的方法。

　　智能手机会带有许多自启动软件，就是在手机开机的过程中这些软件也在运行，这就增加了手机的内存和用电量。所以首先是要关闭自启动软件。

　　智能手机都有定时开关机的功能，这是一个非常好的可以省电的功能，根据每天的睡眠时间和起床时间设定好定时开关机的时间，在夜间的时候手机处于关机状态，就不那么耗电了。

　　有一些手机还有按时省电的功能，即到了设定的时间后，手机会自动进入超长待机模式，关闭一些不必要的功能，只保留最有必要的功能，这样既不会错过重要的电话和信息，又节省了电。

　　建议手机开启振动模式，而不使用铃声模式。因为振动模式不仅省电，还避免在一些重要场合吵到别人。对于大屏手机来说，屏幕耗电会很明显，尽量减少屏幕的开启次数，缩短屏幕的使用时间，还可以在亮度不伤害眼睛的情况下降低屏幕亮度。

# 🏠 电脑

电脑作为现在家庭最常用的娱乐和办公电器，使用的频率和时间都很高，那该如何为电脑省电呢？

电脑的显示屏是费电的元件之一，所以在使用电脑的时候，如果不是一直盯着电脑屏幕，而是听音乐或使用电脑的外放功能，就可以关掉电脑显示屏。如果是一直要看着电脑屏幕，可以尽量把屏幕亮度和对比度调低，调到不刺眼的程度即可。

电脑关掉显示屏不仅降低了 CPU 的直接功耗，而且还能让电脑的发热量降低，使系统风扇变得更加缓慢。

显示屏大的电脑更费电，所以在购买电脑时选择显示屏的尺寸越大，意味着消耗的能源也就越多，不要只考虑大屏幕，笔记本电脑就选择 14 英寸的显示屏就够了。

电脑在用完后要及时关机。如果离开电脑的时间会超过一小时，就直接关机，并拔下电源插头，让电脑彻底断电；如果不超过一小时，就让电脑处于待机状态。

使用电脑的睡眠和待机状态也是节电的方法之一。当电脑处于待机状态时，系统停止运转，类似于关机模式，不过当前运行的信息仍保存在内存中，既不会丢失文件，又达到省电的目的。设置待机时间时要尽量短一点儿才会更加省电。

电脑少接一些外部设备也能省电，尤其是当不用时要及时拔掉，如打印机、音箱等。外置光驱不用的时候，要及时把它拔掉，因为即使没有使用，光驱也一样会消耗电量。

要养成定期整理清洁系统的习惯，把不常用的软件清理内存，不让它们驻留在内存中。还要清洁电脑本身，注意清理灰尘，保持环境清洁，定期清洁屏幕，也能起到节电的作用。

 电视

## 音量设置要适中

收看电视节目时，音量的大小是与耗电量成正比的。音量越大，耗电量越大。音量开得过大，还会导致音质失真形成"爆音"。

适中的音量设置，不仅能够达到省电节能以及较好音质的目的，还可以确保听觉健康，避免听觉疲劳或者听觉损伤的概率。

## 亮度设置要适宜

将电视机的屏幕设置为中等亮度，既能达到较为舒适的视觉感受，又能省电。彩电的最亮状态比最暗状态要多耗电50%～60%，若将亮度调低一些，一般可以节电约10%。如果将亮度设置为中等亮度，每台电视可以节约电量5.5度，不必一味追求过暗或者过高。

对于液晶电视而言，电视机寿命主要取决于灯管的寿命长短，因此较长时间使电视在高亮度模式下工作，会严重缩短液晶电视背光灯的寿命。收看电视节目的房间光线也很重要，太暗容易使眼睛疲劳；过亮，则易使背光灯管老化加速。

## 开关机时要正确

看完电视后，不能用遥控器关机，要关掉电视机上的电源。因为遥控关机后，电视机仍处在整机待机状态，会消耗电量，一般情况下，待机10小时，相当于消耗半度电。看完电视关掉电源能避免这种无谓的耗电。

开关机也不能用插拔电视插头的方法，因为插进或拔出电源插头时，可使电路时断时续，引起瞬间的电流冲击，极易损坏电视机内部组件。正确的开关步骤是：先插上电源插头，再打开电视机；关机时先关掉电视机开关，再拔掉插头。

电视机的摆放位置也很重要，要放在干燥、洁净通风且能避免阳光直射的地方。

 空调

## 温度设定要合理

空调的温度设定在夏季最好不要低于26℃，不要一味贪图空调的低温，温度设定适当即可。因为空调在制冷时，设定温度高2℃，就可节电20%；在冬季制热时，将空调的温度设置低2℃，也可节电10%。

空调冷气的最佳温度是使室内外的温差在5～6℃之间，如室外气温32℃，则冷气温度要调整为26～27℃。这个温度差也是人体能够适应的与外界相差的温度，若差距过大，则会容易生病。

睡眠时温度调到27～28℃更好。不仅是因为调高2℃会使空调更省电，而且是因为这个温度会使人更舒适。人在睡眠时，身体感觉到的有效温度会比室内的温度略低1～2℃，即空调的送风温度虽然略高一些，但是人体实际所感觉到的温度并没有那么高。因此，将空调的控制温度调整到27℃左右，这时人体的感觉将更为舒适。

## 小方面的小节能

出风口保持顺畅，不要堆放大件家具阻挡散热，增加无谓耗电。出风口调节高度适中。制热时导风板向下，制冷时导风板水平，效果较好。

空调要避免阳光直射。在夏季吹空调的时候，最好将家里的窗帘拉上，遮住日光的直射，这样可使空调节电约5%。

过滤网要经常清洗。太多的灰尘会塞住网孔，使空调加倍费力，通风口堵塞容易造成换热过慢，热量排不出去，增加空调的使用功率。

开空调时关闭门窗。外部热气"飘"到房间里时又给里面"加热"了，空调房间不要频频开门，所以应减少热空气渗入。

在离开家的前10分钟关空调，并不会影响制冷效果，房间冷气可以保持15分钟左右，这样可以节省电能。

夏天最好不要开一整晚空调，睡前设定定时关机。

## 🏠 电热水器

### 设定合理的温度

使用电热水器的时候，要合理设定使用的温度。夏天炎热，常温水通常在20℃左右，这样冷热水混合过程对热量的衰减较小，而且夏天洗澡水温不需要太高就很舒服了。所以夏天洗可以把电热水器温度调低一点儿，控制在50 ~ 55℃就可以了。

　　而冬天环境气温低，常温水通常仅有14℃，热水器内胆里的水需要加热较高才能抵消掉传输过程和冷热水混合后的损耗。身体洗澡时适宜的水温为40℃左右，水温太低很容易感冒，所以需要预热到较高温度后才能洗浴，建议冬天把热水器的温度加热到70℃。

## 常开和即开的选择

　　如果家里每天需要经常使用热水，那让热水器始终通电比较方便。比如将热水器连接到其他用水设备上，厨房和卫生间同时使用一台热水器。这种情况下，打开热水器就可以马上使用热水了。

　　可以根据使用的频率和热水的使用量来调节热水温度，使用量不大的情况下，可以把温度调低一点，使用量大的情况下可以调高一点。

　　如果家里使用电热水器的频率不高，那不妨在用之前再加热。比如每天只是用热水器洗澡，且每天都是在固定时间段洗澡的家庭来说，建议在洗澡前一个小时开始通电加热，洗完澡后就关闭热水器。

　　平常的时候使热水器处于关闭状态。这样能使电能消耗处于最少的状态，从而最大程度上节省电费。

## 饮水机

饮水机如果常年通电，不仅非常费电，还会严重影响到饮水机的使用寿命，而且，反复煮水也容易影响饮用质量。

通过饮水机除垢剂将水垢去除，可使加热效率得到提高，从而节省电能并延长饮水机的寿命。

家庭用饮水机最好是即用即开，就是在要喝水之前打开开关，一般的饮水机在 5 分钟之内就可以烧开热水，而开水烧热后还能保温一段时间，在很久一段时间内都是适口的温度。用完饮水机后也要把插头及时拔掉，这样虽然比较麻烦，但却可以节省电量。

而在办公室或是公共区域的饮水机，因为不断有人需要饮用热水，基本上一桶水一天或者半天就会被喝完，所以让饮水机一直开着相对来说会更方便。

## 冰箱

### 冰箱的摆放位置

在家庭使用冰箱时，最好是将冰箱摆放在环境温度低，而且通风良好的位置。注意要远离热源，避免阳光直射，以免冰箱温度高，则运行起来更费电。

摆放冰箱时，不能将冰箱放在墙体角落里。冰箱整机的左右两侧以及背部都要留有适当的空间，以利于散热，这样会减少冰箱耗电量。

### 冰箱内的食物存放

用冰箱存放食物时，采用正确的方法，也可以让冰箱更省电。比如水果、蔬菜等水分较多的食品，应该要先洗干净、沥干水分之后，用塑料袋包好放入冰箱。以免水分蒸发使冰箱的霜层变厚,这样存放可以缩短除霜时间,节约电能。

冰箱存放食物要适量，不要存放得太多，也不能把食物摆放得太紧密。这样会使食物散热困难，影响保鲜效果，还会影响冰箱内空气的对流，增加压缩机的工作时间，增加耗电量。

## 减少开关冰箱门更节能

平时存取食物时，尽量减少冰箱的开门次数和开门时间。因为开一次门，冷空气就会散失一次，压缩机要多运转数十分钟，才能恢复冷藏温度。

制作冰块和冷饮最好是在夜间。因为夜间气温较低，有利于冷凝器散热。而且夜间会很少开关冰箱，压缩机工作时间较短，能够节约电能。

## 洗衣机

## 缩短洗衣时间

先浸后洗。在洗衣服之前，可以先将衣物在洗涤剂中浸泡 15 分钟左右，让洗涤剂先去除衣服上的一部分油渍、污垢，然后再放进洗衣机里洗涤，这样可以使洗衣机的运转时间缩短一半左右，大大减少了电耗。

分色洗涤，先浅后深。色彩区别较大的衣服要分开洗，即浅色和深色的分开洗涤，不但洗得干净，而且也洗得快，比混在一起洗可以缩短1/3的时间。

先薄后厚。一般质地薄软的化纤、丝绸织物，4 ~ 5 分钟就可以洗净，而质地较厚的棉制品、毛衣、呢料衣服则需要更久的时间才能洗净。厚薄衣物分开洗，比混在一起洗能更有效地缩短洗衣机的运转时间。

洗净度主要与衣服的污垢程度、洗涤剂的品种和浓度有关，而和洗涤时间不成正比。超过规定的洗涤时间，洗净度也不会有大的提高，而电能却白白耗费了。所以没必要长时间洗涤。

脱水时间不易长。洗衣机脱水时,脱水率可达55%,一般3分钟脱水即可。就算加长脱水时间,出来的效果并不会有太大区别。而且长时间高速脱水,会白白浪费电能。

## 合适的洗衣量和水量

一次洗衣服的量最好是洗衣机容器的2/3。如果洗涤量过少,但是洗衣程序不变,电就被白白浪费了;如果一次洗得太多,甚至塞满了洗衣机,不仅会增加洗涤时间,而且会造成电机超负荷运转,既增加了电耗又容易使电机损坏。

洗衣机洗衣服时水量不宜过多或者过少,用水适中即可。水量太多,会增加波盘的压力,加重电机的负担,增加电耗;水量太少,又会影响洗涤时衣服的上下翻动,增加洗涤时间,浪费电能。

洗衣最好用集中洗涤的办法,就是用一桶洗涤剂连续洗几批衣物,先洗颜色浅的、质地薄的衣服,再适当增添洗涤剂,洗深色的厚衣服,等全部洗完后再分批漂洗,除去泡沫。这样更省电、省水,还节约了洗涤剂。

洗衣服时的洗涤剂也很重要,建议选择机洗洗衣液而不是洗衣粉来清洗衣服,因为洗衣液具有碱性低、性能温和、低泡和易漂洗的优点。使用洗衣液可减少漂洗的次数,达到省水节电的目的。

## "强洗"比"弱洗"省电

很多人洗衣服的时候都喜欢选择弱挡，认为弱挡比强挡更省电。其实这种想法是错误的，当洗衣机在弱挡进行工作时，电机启动次数要多一些，这样更为耗电，同时也会缩短洗衣机的寿命。

在相同的洗涤时间内，洗衣机"弱洗"比"强洗"叶轮旋转方向转换的次数更多，开开停停次数也更多，而洗衣机重新启动的瞬间电流是正常工作额定电流的大约 6 倍。所以电机改变转动方向次数越多，瞬时启动的大电流就造成了电能的损耗，浪费电能。

洗夏季的衣物时选择"强洗"，不仅能有效节约电能，更能保护电机，延长使用寿命。

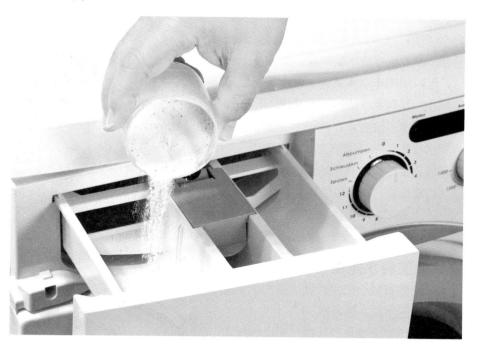

# 节水这样做

## 🏠 家庭用水总原则

### 一水多用

    家庭每天用水需求很大，如果能做到"一水多用"，对节省用水量是很有帮助的。因此，家庭用水应尽量串联使用。

    可以用淘米水来洗菜、洗水果，既节省用水，又有利于去除蔬菜表面农药。可以将洗菜水、洗衣水、洗碗水、洗澡水等清洗水收集起来，用于洗车、擦地板、冲洗马桶，是常见的节水方法。用浇水壶将雨水收集起来，就能拿来浇花了。

    一水多用，不仅达到了省水省钱的目的，还减少了浪费，节约了水资源。

### 安装低流量水龙头

    在家庭安装小口径、低流量的水龙头比大口径的水龙头更省水。

    在使用低流量水龙头时，可以在水流出的同时压入空气，从而使适当的水流速度得到维持。这样既不会使洗涤效果受到影响，还起码能减少一半的水流量，因此这不失为一个家庭节水的好方法。

如果条件允许，还可以将家里的水龙头换成感应式水龙头，避免忘记关水造成水资源浪费。

# 厨房

## 水龙头不能一直开

为了节省用水量，一是可以将厨房使用的全转式水龙头换成 1/4 转式水龙头，这样可以缩短水龙头的开关时间，减少用水量。为了防止水龙头漏水，可以在水龙头上装一个带弹簧的止水阀，这样能避免水未经使用就白白流失掉。

二是在平时洗菜、洗碗时，不要一直开着水龙头清洗，这样的做法是很浪费水的。可以将水接在一个盆里，再将东西放进去清洗，这样可以大大减少水的流失量。

## 烹饪食物节水法

做饭的时候经常需要用水来焯煮食物，往往烧开一锅水，却只焯煮一次食物就未免太浪费了。可以用一锅水反复焯煮几次食物，如先焯煮比较容易熟的叶菜类蔬菜，捞起来后等水再次煮开，可以接着焯煮根茎类蔬菜和肉类。焯煮过蔬菜的水也不要倒掉，可以收集起来用于冲厕所。

在做水煮蛋时不要在装了很多水的锅只煮一两个鸡蛋,这样就很浪费水了。一个方法是可以多煮一些鸡蛋,另一个方法是用煮蛋器煮鸡蛋。

### 用冷藏室解冻食物

一般家庭在解冻食物时的常见做法是先将食物从冷冻室里取出来,放在水流下冲洗解冻或者是放在装有水中容器中浸泡解冻。其实这两种方法都不够节约用水。

最好的方法是将冷冻的食物放到冰箱的冷藏区。比如中午要烹饪的鸡肉,在早上的时候就可以把它从冷冻区转移到冷藏区,中午做饭的时候再拿出来。这样的做法不仅可以继续让食物保鲜,还可以节约解冻食物的水。

### 清洗餐具先去掉表面油污

无论是在洗碗、洗锅还是清洗其他餐具时,我们都可以先将餐具表面上的油污或是食物残渣用洗碗布、纸巾等擦掉。因为餐具表面如果带有大量的油污,则非常难清洗,也很费水。将餐具上的油污擦去后,再在洗碗盆中加入少量的洗洁精用于清洗餐具,最后用清水将洗洁精冲洗掉就好了。

 洗衣

### 提前浸泡衣物

在将衣物放入洗衣机清洗前,可以先用洗衣液浸泡 15 分钟,将衣服上的污渍去掉一部分。

洗衣机的洗涤时间是通过衣物的种类和脏污程度来计算的,而将衣物提前进行浸泡,可以减少漂洗次数,也能减少漂洗耗水,从而达到节水目的。

## 控制洗涤剂的用量

　　很多人认为衣服洗得干不干净在于洗涤剂的多少，这种想法是完全错误的，并不是洗涤剂用得多衣服就洗得更干净，洗涤剂用得过多还会对衣服有损伤。

　　按照用量计算，最佳的洗涤浓度为 0.1% ~ 0.3%，这样浓度的溶液表面活性最大，去污效果也较强。因此，以额定洗衣量 2 千克的洗衣机为例，若是低水位、低泡型洗衣粉，则低水位时约要 40 克，而高水位时约需 50 克。

　　尤其是夏天的衣服更换更为频繁，脏污程度不高，可以适当少放洗涤剂，以减少漂洗次数。

## 小件衣物用手洗

　　用洗衣机来洗衣物虽省时省力，但与用手洗相比，用水量要多出 60%，不利于节水。所以轻薄、小件的衣物，我们可以手洗。如夏天的衣服和内衣裤、袜子等。

尤其是夏天的衣服每天都要更换，堆积下来的量很多，但一些类似丝绸、雪纺等较轻薄的衣物就可以用手洗，不仅省水省电，还减轻了对衣服的损伤。

## 洗衣机设定合适水位

用洗衣机洗少量衣服时，水位不要定得太高，衣服在高水位里飘来飘去，衣服之间缺少摩擦，反而洗不干净，还浪费水。

按衣物的种类、质地和重量设定水位，按脏污程度设定洗涤时间和漂洗次数，既省电又节水。如果将漂洗的水留下来做下一批衣服洗涤用水，一次可以省下 30 ~ 40 升清水。

 洗浴

## 巧用热水器

学会调节冷热水比例，不要让喷头的水自始至终地开着。尽可能先从头到脚淋湿一遍，全身涂肥皂搓洗，最后一次冲洗干净，不要单独洗头、洗上身、洗下身和脚。

洗澡要专心致志，不要悠然自得，或边聊边洗，不要利用洗澡的机会顺便洗衣服、鞋子。在澡盆里洗澡要注意，水放到 1/4~1/3 盆就足够用了。

## 喷头淋浴洗澡

建议用喷头淋浴洗澡，相比用浴缸泡澡，用喷头淋浴的方式更省水。因为用喷头沐浴可以随时控制用水量，还可以站在盆子里洗，这样也有利于将水回收，继续用于其他用途。

在用喷头淋浴过程中应避免过长时间冲淋，在搓洗过程中可以先关水，等搓洗出泡沫后再开水冲洗掉，这样更节水。

## 沐浴时的节水细节

在洗手、洗脸、刷牙时不要一直将龙头打开，这样是很浪费水的，应该间断性放水。比如洗手、洗脸时，先用清水洗一遍，在用香皂或洗面奶时就把水龙头关闭；刷牙的时候，在漱口杯接满水后就关掉水龙头。也可以将水接到盆中洗脸，洗过脸的水留着冲厕所和拖地。

# 马桶

如果马桶水箱过大，可以在水箱里放一块砖头或一只装满水的大可乐瓶，以减少每一次的冲水量；将卫生间里水箱的浮球向下调整 2 厘米，每次冲洗可节水近 3 升。

马桶冲水时注意选择冲水的按键，小便就用小流量的按键，大便就用大流量的按键，以免造成水资源浪费。

尽量用收集的家庭废水冲厕所，节约清水。不要将剩饭剩菜倒入马桶，冲走这些垃圾也很耗费水，垃圾不论大小、粗细，都应从垃圾通道清除。

## 🏠 空调滴水利用

夏天天气炎热，为缓解高温带来的不适，许多家庭都开了空调。但是空调在使用中会面临一个非常困扰人的"滴水"问题。

如果任意让空调水流淌，不仅会损坏墙体、破坏邻里关系，还会很浪费。有养花草的家庭，可以在阳台上备上一只塑料桶，将空调排水管放入桶里，冷凝水就全部留在桶中，然后拿来浇花，用不完的水还可以留着冲厕所、拖地。

空调冷凝水可能会受到两方面的污染，一是形成空调水的空气中可能存在污染物，二是空调水流动的水管内也存在灰尘、细菌等污垢。因此空调水可以用于浇花、冲厕所、拖地，但是最好不要用于洗菜和洗衣服。

Part

# 3

美观又明亮的
客厅

# 客厅的整理

## 整体布置

　　客厅家具布置首先要注意客厅的空间问题，也就是说要根据客厅的面积大小来摆放家具，家具摆放得好，客厅的空间才能得到有效的利用，表现出比较宽舒的氛围；客厅的家具不宜太多，客人来了心情才会轻松随和。

　　家具的布置，一定要注重整体风格、色彩搭配的协调性。沙发作为客厅内陈设家具中最为抢眼的大部头，应该追随和配合居室的天花板、墙壁、地面、门窗等的颜色风格，做到相互衬托，协调统一，达到最美的效果。沙发布置在形式上一般有三种，即面对式、L 式、U 式，摆放不同所呈现的效果也会有差异。

### 墙体空间巧利用

　　客厅想要营造宽敞的视觉感受，墙体空间的利用就显得尤为重要。那么，应该如何巧妙地利用客厅墙面呢？

　　墙面上的格子柜：格子柜显然是现代装修一道亮丽的风景，不仅使墙体空间得到充分利用，增加收纳效果，其所带来的室内层次感也相当令人赏心悦目。

　　凹凸式吊顶：凹凸式

吊顶设计能够增加立体感，并与中央的吊灯一起挑高了空间，沿边增加灯槽设计，可以进一步提升空间亮度。

## 巧用家具扩大空间

选用组合家具既节省空间又可储放大量物品。家具的颜色可以采用壁面的色彩，使房间空间有开拓感。选用具有多元用途的家具，或折叠式家具，或低矮的家具，或适当缩小整个房间家具的比例，都会产生扩大空间的感觉。

## 🏠 茶几收纳整理

茶几下如果原来就带有抽屉，那么可以合理分配各个抽屉，比如这个抽屉放零食，那个抽屉放茶具，还有一个放杂志、小物件。如果茶几不自带抽屉，可以在桌面下方的隔层里放置收纳格，同样可以起到收纳物品的抽屉的作用，这样极大地增加了容量，也不会让茶几的桌面堆满了物品，显得杂乱无章。

## 🏠 玄关收纳整理

### 钥匙的收纳

用钥匙开锁后进家门，在换拖鞋的时候有时会把门钥匙、车钥匙放在鞋柜上，有时会记得放回抽屉里，有时又会顺手带进客厅放在茶几上，这样随意放置的行为习惯容易经常忘记自己把钥匙放哪儿了。

可以在玄关鞋柜侧面的墙上安装几个挂钩或收纳盒放置钥匙，也可以在钩上挂几个小的收纳盒，把钥匙等小物件存放在固定的位置，方便拿取。

## 玄关鞋柜巧利用

鞋柜里可以放一个收纳盒，将尺寸较小的童鞋横竖混合摆放在收纳盒里，比起只摆放在鞋柜里更节省了空间，且拿鞋时只需取出收纳盒，也很方便。

支撑杆式的鞋架可以把鞋子立起来存放，不仅极大地节省了空间，也可以避免鞋面被压塌，尤其适合女士高跟鞋、男士皮鞋。

在鞋柜的侧面可以安装小篮子，放一些雨伞、除尘的鸡毛掸子或可回收的废旧瓶子之类的小物件。

## 靴子的收纳方法

一过完冬天，靴子就可以放置起来了。可是靴子如果收纳不当，就容易变形。为了使靴子在来年取出来穿时仍是崭新的模样，可以尝试下面这个方法。

① 准备好纸巾、报纸，把靴子的拉链拉开。

② 撕下纸巾卷成团，但是不要压实，然后塞满靴头，使靴头保持原来的形状。

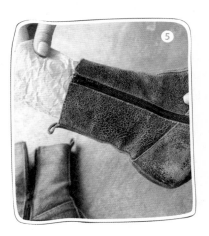

③ 把报纸卷成像喇叭形状，一边粗，一边细。

④ 在报纸的外层再卷上一层纸巾，以免报纸上的油墨弄脏了靴内。

⑤ 将报纸和纸巾放进靴筒，再将靴子收进鞋柜（见图）。

## 拖鞋的收纳方法

我们一般都是采用鞋架来收纳拖鞋，但有时候鞋子多了，鞋架的空间有限，而且对于经常要穿的拖鞋来说，拿取不方便。这时其实也可以用篮子或箱子来代替。这个收纳拖鞋的方法简单又实用，不管是谁看了，都能很快掌握诀窍。

**1** 把拖鞋一双双交叉摆好。

**2** 按照顺序放进篮子或箱子（见图）。

**3** 放置好后，拿取就很方便了。

## 拖鞋巧清洗

塑胶质地的拖鞋穿久了，藏了很多污垢，往往就会散发出难闻的气味，加上表面沾上了汗渍，就破坏了美感。而且这些气味一般很难清除，即使勤加清洗晾晒也无法缓解。该怎么办呢？

要消除拖鞋异味，可以在清洗完成后，往拖鞋上喷洒适量白酒，直至拖鞋无法吸收，再放到通风处自然风干，以后再穿的时候就不会产生异味了。

## 白球鞋污点巧清除

将高锰酸钾与清水按 1：20 的比例混合成溶液，再将草酸与清水按 1：10 的比例混合成溶液。

用软刷蘸上高锰酸钾混合液，涂在白球鞋的污点上，待半干（约 1 小时）渐变成淡黄色，再把草酸混合液涂在白球鞋上，静置约 3 分钟后，再用清水将全部鞋面略微浸湿，再冲洗掉草酸，即可清除白球鞋上的污点。

## 皮鞋巧去臭味

要避免皮鞋出现臭味，可以用一张稍硬的纸，把适量樟脑丸包起来，然后用硬物仔细碾碎，再把樟脑丸粉末均匀地撒在皮鞋内部，再在上面放上干净的鞋垫。这样一来，既可以保证皮鞋内部干爽，也不会那么容易出现鞋臭现象了。

还可以将少许白醋倒入水里混匀，再用软刷蘸取适量这种溶液擦洗皮鞋内部。这样可以去除皮鞋的臭味，还能起到杀菌的作用。

# 环境清洁

## 🏠 天花板

天花板是一个比较容易有污垢、灰尘积聚的地方，而且不易清扫。在潮湿季节，可能会因湿气过重而产生霉斑，所以更需要经常清洁。

① 先用拖把将天花板上的灰尘清扫干净。

② 抹布先用小苏打水或者稀释的漂白水浸湿，然后将其套在平面拖把上。

③ 按一定的顺序擦洗天花板，对于有顽固污渍的部位需加大力度擦洗。

④ 待污渍擦拭干净后，将干抹布套在平面拖把上，来回擦拭，直至擦干。

⑤ 如果霉斑比较少的话，直接用酒精也能轻松将霉斑去除（见图）。

# 🏠 吊灯

　　客厅的吊灯通常是一个充满情调与品位的装饰品，但是如果不注重清洁和保养，再精致的吊灯也会因产生污垢而变得暗淡无光。灯具和灯泡作为吊灯的组件，如果在很长时间内都没有进行清洁，可能照明的亮度和美观度都会有所下降。

　　对吊灯污垢进行处理是很有必要的，但由于吊灯安置的位置比较高，因此在清洁上可能有一定的难度。事实上，巧妙地清除吊灯污垢并不难，只需要两个步骤即可。

　　首先，把旧袜子套在晾衣架上，先擦除吊灯表面的灰尘，然后就可以用吸尘器接上缝隙专用吸头来吸除吊灯角落里的灰尘了。

　　在清洁吊灯灯泡时有一个小窍门，能够帮助灯泡更好更持久地防尘，那就是在清水中倒入一小瓶盖的醋，将清洁用的抹布浸泡在醋中，拧干后擦拭灯泡，这样能够起到更好的防尘功效。对于去除吊灯污垢有特别需要注意的一点就是：在清洁之前一定要先关闭电源，待灯具冷却后再进行清洁，以免在清洁时发生危险。

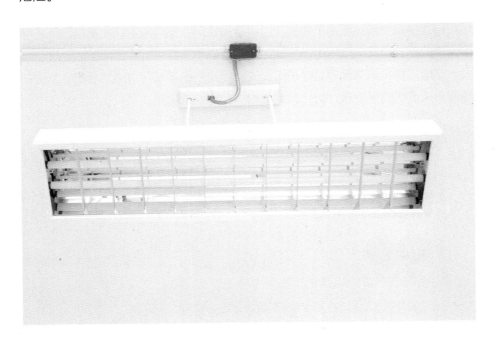

**墙面**

### 原木墙面

　　原木质地的墙面在日常生活中也需要谨慎清洁和保养，这样才不至于使墙面失去光泽度和美感。一般来说，原木墙面具有以下的清洁和保养方法。

　　①首先用掸子掸净墙壁的灰尘。

　　②用微湿的抹布按照擦尘方法由上至下、从左往右擦拭墙壁，如有需要可使用全能清洁剂擦拭。

　　③木质墙面上蜡与木地板打蜡基本相同，将少许家具蜡或油基地板蜡涂于洁净的抹布上，仍然是由上至下、从左至右采用平行互叠法，将蜡均匀涂在墙面上。

　　④用洁净、干燥的抹布用力擦拭，达到抛光效果即可。

### 硬质墙面

　　硬质的墙面主要包括大理石、人造石、瓷砖、喷涂墙面等，而硬质墙面的污垢主要是由于灰尘、水珠等形成。一般来说，如果硬质的墙面长期不进行清洁保养，会生出很多的灰尘和蜘蛛网。

　　可以选择先用鸡毛掸子掸去灰尘以及蜘蛛网，然后用湿抹布擦拭墙面表面的污渍即可。如果有顽固污渍的话，用牙膏或小苏打也是很管用的。

　　定期用蜡水清洁保养是必不可少的，用蜡水保养既可以清洁墙面，又会在墙面形成透明的保护膜，防止灰尘堆积，起到双重功效。

**油漆墙面**

　　墙面上漆是涂装中最终的涂层，具有装饰和保护功能。如颜色、光泽、质感等，还需有面对恶劣环境的抵抗性。但是光鲜亮丽的客厅墙面也需要经常保护。

　　对于墙面漆，最好的清洁保养方法是每天擦去表面浮灰，定期用喷泉雾蜡水清洁保养，该蜡水既有清洁功效，又会在面层形成透明保护膜，更方便日常清洁。

　　油漆的墙面如果已经污染得很严重，可使用石膏或沉淀性钙粉蘸在布上进行摩擦，或使用细砂纸轻轻擦拭，即可去除污垢。

**壁纸墙面**

　　壁纸墙面具有风格各异、安全环保、价格低廉等优点，是很多家庭装饰客厅墙面的最佳选择，但是壁纸墙面也需要清洁保养得当才好。

　　清洁客厅壁纸时，可先用鸡毛掸子掸去上面的灰尘，然后用海绵蘸上些许稀释后的洗洁精，注意海绵布尽量拧干之后再擦拭墙壁，避免海绵中的水分渗入墙纸，导致墙纸发霉。而对于胶面壁纸可直接用水擦洗，洗净后用干毛巾擦干即可。

## 不锈钢门

　　客厅的不锈钢门在保护着我们安全的同时，也留下了很多污渍。下面就让我们来清洗下门面上的污渍吧。

　　①当不锈钢门上有明显的污迹时，先用抹布拭掉表面灰尘，再用废牙刷蘸上少许牙膏来清洁，最后用干布擦净即可。

　　②如果门上残留着手印、油迹也不用慌张，只需用小苏打加水混成泥状涂在油迹部位，静置 10 分钟左右，直接用湿抹布擦净即可。

# 🏠 门把手

客厅是最常出入的地方，门把手也特别容易弄脏，有时还会因此使得钥匙不好开。

**1** 用吸尘器对准门锁的钥匙孔，将灰尘吸出。

**2** 再在钥匙孔内加几滴润滑油，可以使钥匙在开门时更灵活。

**3** 金属材质的门把手，可在有污渍的地方涂上一层牙膏，再用干布擦拭。

**4** 最后用干布包住门把手，以手画圈转动，就可以使门把手光亮如新。

# 🏠 铝合金窗户

铝合金窗户上可能因为水迹残留，出现了斑斑锈迹，这时应该怎么处理呢？

这些锈迹只是因为铝合金被氧化造成的，只要在抹布上蘸上些许牙膏擦拭锈迹部位，就能很快地消除因氧化形成的污渍了。

将粗盐和食醋加热水混合制成清洁剂，将其喷洒在锈迹部位，静置 15 分钟，然后用蘸有自制清洁剂的抹布擦洗干净即可。

# 纱窗

纱窗既能挡灰尘，又能挡蚊虫，是很实用的。但是清洁起来却很麻烦。其实只要利用一些小窍门，就能让你轻松消除这些顾虑。

灰尘较多时，可先用吸尘器吸除上面厚重的尘土。再用旧报纸铺开挡在室内一侧的纱窗上，准备适量水加小苏打混匀，然后从外侧开始喷洒纱窗，静置片刻之后，再用稀释 2 ~ 3 倍的醋水进行喷洒。取下旧报纸，用两块湿海绵夹住纱窗，同时清洁即可。

当纱窗上有油污难以去除时，可用食用碱加热水制成清洁剂，然后用长毛刷蘸上些许清洁剂来刷洗纱窗，这样不费力而且会将纱窗清洗得很干净。

# 百叶窗

客厅百叶窗使用很方便，但是一片一片的很难清洁，利用手套来清洗的话，既省事又方便。

先戴上一双塑胶手套，然后在外面再套上一双棉质手套。用戴好手套的手指蘸取少许小苏打粉，然后将手指伸入百叶窗缝隙间，来回擦拭。擦拭干净之后，再用稀释的醋用同样的方法擦拭一遍即可。

# 窗框细缝

打扫客厅时，总是要在窗户上下一番功夫，窗框的直角细缝清洁就是个难题。无论你用毛巾还是刷子，效果似乎都不是很能让人满意。其实只需要一块抹布和一把尺子或一张卡片就搞定了。方法是直接用抹布包住尺子或卡片的一边，有了支撑，抹布就能轻松将细缝里的灰尘一扫而光了。

## 窗户沟

平时我们打扫卫生时，很容易忽略一些边边角角，而窗户沟便是其中之一，窗户的框沟里很容易堆积许多灰尘和污垢，在做清洁时也是让人头疼的"死角"。下面就向你推荐一种清洁死角的方法。

① 用抹布将窗框擦拭一遍（见图）。

② 把水喷在窗框里。

③ 用旧牙刷当"扫帚"，把脏东西扫出来。

④ 用干净抹布擦拭即可。

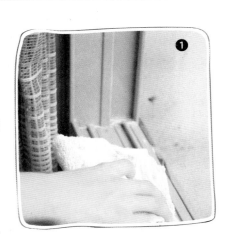

## 开关

电源开关是我们日常生活中每天都要接触的，由于被按的次数多了，时间久了，自然会很脏，但是处理开关的污垢，用一般的清洁剂都不太能够见效。以下的小窍门能够帮助你更好地去除污垢。

①酒精清洁法。用蘸有酒精的棉花擦拭电灯的开关，花一两分钟就能够将电灯开关清洗干净。

②牙膏清洁法。用抹布蘸取适量的牙膏擦拭电灯开关，可让电灯开关焕然一新。

事实上，电灯开关周围的墙壁也比较容易被手印弄脏，因此可以在超市中

购买专门的开关罩，这样不仅能够避免墙面沾染污垢，还能够起到装饰美化作用。

# 客厅玻璃

　　如果客厅里有一大片玻璃需要清洗，是不是很费事，那么怎样才能省时又省力呢？可将抹布直接绑在拖布上面，这样就可以直接擦拭大面积的窗户了。有橡胶刮刀的话也会很轻松，可直接将玻璃清洁剂喷在玻璃上，然后用抹布擦拭，最后用橡胶刮刀刮去水分就可以了。

## 油污

　　玻璃上面有油污时，用布蘸上几滴白酒或酒精，轻轻擦拭，就可以让玻璃恢复光洁明亮了。

## 尘土

　　玻璃上面尘土很多时，废报纸就是很棒的清洁工具。先用湿毛巾拭去表面的污垢，再将报纸揉搓成团，直接擦拭就可以了。

　　擦完玻璃之后，总是留下让人讨厌的水迹，下面教你一招：先用蘸了热水的抹布将玻璃擦拭干净，再用干抹布拭干即可。

## 油漆

　　客厅装修过的话，总是容易在玻璃上留下油漆的印迹，既难看又让人烦恼。其实家里的食醋就能帮你去除残留的油漆渍，只需要将抹布蘸上稀释的食醋，轻轻擦拭玻璃上的污渍，就能轻松搞定这让人烦恼的油漆印了。

## 贴纸

　　客厅总是小孩玩耍的天地，而客厅玻璃一不小心就会遭受到贴纸的袭击。贴纸不仅很难清除，还容易留下一块黏糊糊的污迹。那不妨试试下面的清除方法吧。

　　可以先用小刀刮除贴纸。刮的时候一定要小心，避免将玻璃刮花，然后再用干抹布蘸上少许风油精，轻轻擦拭污迹部位，这样就能让玻璃恢复光洁透明了。

　　也可先将贴纸掀起一个角，然后用吹风机热风对着开角处吹，直至将贴纸吹软化，然后就能一举将贴纸撕下了。如果玻璃上还残留有胶纸痕迹，这时只需要用湿抹布擦拭即可。

## 花纹缝沟

雕花玻璃既好看又具有隐蔽性，是客厅落地窗的不错选择，但是花纹缝沟总是容易藏灰尘，一旦粘上污迹也不易清洗，着实令人头痛。

其实只要用废旧的牙刷蘸上些许牙膏或者苏打粉来刷洗玻璃即可，这样不仅能清理掉玻璃缝隙的灰尘，即使附着在上面的顽固污渍也能被一举清除干净。

## 保持亮洁如新

玻璃即使经常清洗，时间久了也会不再那么透亮。要怎样才能让玻璃恢复光洁如新呢？

①做菜剩下的洋葱头和土豆块不要扔掉，可以用来擦拭玻璃。

②将白醋和水按照 1：2 的比例调匀，喷在玻璃上，再用旧抹布或旧报纸团擦拭，玻璃或镜子即可变得非常明亮。

 地板

### 清洁

在清洁客厅时，地板上的顽固污渍通常让人烦心。或许下面的几种方法可以帮到你哦！

①淘米水有很强的去污能力，呈弱酸性，对木质地板也不会有伤害。只需将其喷洒在地板上，等 5~10 分钟后用拖把拖干净即可。

②针对地板上的油迹，过期的牛奶是很好的清洁剂，只需用抹布蘸上适量过期牛奶擦拭地板即可。不仅能去污，还会在木质地板上形成天然保护膜。

③针对地板上的一些陈年污渍，可以用抹布蘸少许的婴儿油，以画圈的方式对污垢进行清洁。擦拭完污垢之后，再用干布擦拭一次木地板即可。

④地板的缝隙常常会卡进去许多污垢，时间久了，容易影响环境的洁净，也容易滋生细菌，对人体健康不利。可以把一次性的筷子或者是过期废弃的筷子的一段粘上适量的双面胶，利用胶面的黏性，将地板缝隙中的污垢粘出来。然后，用牙刷刷头刷除地板缝隙中的灰尘即可。

## 保养

木质地板虽然美观，但是相对来说却较少家庭会选择它，主要就是因为木质地板更难保养，扛不住晒、禁不起刮、浸不得水，因此，木质地板的清洁保养就成了一门学问。

①清洁地板污渍时，要用温和的清洁剂来清洗，避免用大量的水冲洗地板。

②清洗干净地板之后，注意室内通风，保持正常的室内温度和干爽有利于防止地板提前干裂和老化。同时木质地板一定要避免阳光长期直射。

③木质地板需要打蜡护理。打蜡的基本方向一般都是从客厅的深处到门口，沿着木地板的纹路来打蜡，先打上薄薄的一层，半小时左右的时间蜡就会干掉，然后再打第二次就可以了。打蜡之后能有效防止地板老化、变色。

## 塑料垫

五彩缤纷的塑料地垫十分好看，而且铺在地板上，能让人心情愉悦，但是一旦铺得时间久了，也会发黑，天气潮湿或遭遇雨天时，甚至会发霉，十分难看。那么，怎样才能够巧妙地清洁塑料地垫，使其恢复靓丽纷呈的色泽呢？

1 在备好的清水中倒入适量的醋。

2 用抹布蘸少许稀释后的醋水，擦拭塑料地垫。

3 用醋水无法擦拭干净的地方，可以用抹布蘸着清洁剂反复擦拭。

# 家具清洗

## 大体原则

### 除蜡油

家具表面滴上蜡烛油后很难处理，用小刀等尖利物品不仅刮不干净，而且容易刮伤家具表面的涂料。有没有一个既简单又有效的方法来除掉家具表面的蜡油呢？

① 用吹风机加热蜡油。几分钟后，蜡油开始软化。

② 用卫生纸或清洁棉进行擦拭。

③ 用清洁棉蘸取适量酒精，擦洗干净表面即可。

### 去油漆味

新买的家具油漆味很重，等自然挥发需要很长时间，自己用着也不放心，那怎么办呢？

①竹炭有很好的吸附能力，可以去异味、净化空气，所以将竹炭放置在衣柜等家具里是可以去除油漆味的。

②也可以买新鲜的柠檬直接放在家具内，这样不仅能去除油漆味，还能让家里散发好闻的果香味。

③用淘米水或茶水反复清洗家具几次，也很管用。

## 去标签

贴在家具上的标签很难撕除，一不小心还很可能损坏家具的表面，听到这是不是很心痛？不用担心啦，教你一个简单的小方法。

去标签时先轻轻撕开一个小角，再用吹风机的热风对着掀起小角的黏合面吹一会儿，待标签变软后，就可以轻松撕下来了。

如果你已经忍不住将标签撕掉一半，最后留下了难看的污迹，不妨试着喷一点煤油上去，等到煤油将标签浸透，最后用抹布就可以轻松蹭掉污迹了。

## 除浅痕

对于家具上不小心留下的水渍迹，只需用湿布盖在痕迹处，然后用熨斗小心地在湿布上熨烫数次，你会发现水渍痕迹神奇地消失了。

如果因为不小心在家具上留下烟火焦痕，可以用一块细纹硬布包住牙签的尖端，然后轻轻擦拭焦痕，最后涂上一层蜡，焦痕就不那么明显了。

搬挪家具的时候擦伤了家具漆面，用相同颜色的颜料涂在擦伤部位，再用透明指甲油涂上一层，这样就可以完美遮盖了。

## 巧防潮

潮湿的天气总是让人抓狂，就连家具也不能幸免。下面就教你几个防潮小妙招。

①保持室内的通风，可以将家具拿到太阳下晒一晒，起到杀菌、防潮的作用。

②自制干燥剂，取适量生石灰，放入小袋子中封好口，直接放在家具里就可以防潮了。

③可以用报纸包一些茶叶，放在家具的几个角落，也可以防潮。

④竹炭也有很好的防潮、吸湿的功效。

## 木质家具

一不小心木质家具上面留下了记号笔的痕迹，洗衣粉、洗洁精、肥皂你都试过了，都没用怎么办？那就试一试下面的方法吧。

①其实只要有酒精，这个问题就迎刃而解了。取一块干毛巾，蘸上少许酒精，轻轻擦拭记号笔的痕迹，轻松搞定污渍。

②用橡皮擦或者去污海绵轻轻擦拭，也能完全去除家具上的笔迹。

③用干抹布蘸上少许的甲苯水或者汽油擦拭，就能去掉记号笔痕迹。但是两者都有低毒性，使用完之后要用清水多擦洗几遍，直到气味完全消除。

## 红木家具

红木家具常因为雕花和材质，让人不知道怎么进行清洁，其实可以这样做。

首先要用毛刷清理掉表面的灰尘，毛刷不宜过硬，力度不宜过大。再用抹布擦拭，来进一步地进行深层清洁，避免抹布过湿。用干毛巾擦干以后上蜡，这样不仅能保持红木的光洁，还能延长家具的寿命。

# 🏠 竹制家具

竹制家具保养好，是延长其寿命的关键。以下是一些保养的小方法。

竹制家具要放在通风、干燥、避免阳光直射的地方；及时清除家具缝隙的脏污，避免发霉和滋生微生物；一旦发现家具出现虫蛀，可用煤油或辣椒末封住虫蛀孔，这样就能杀灭蛀虫了。

# 🏠 藤艺家具

藤艺家具美观又舒适，但是时间久了，缝隙处总是会残留很多灰尘，既不容易清理干净，又会影响家具的美观。

可以取适量食盐加清水混匀制成盐水，取干净的抹布蘸取盐水后擦拭家具，这样不仅能清除污垢，还能起到保养藤艺家具的作用。

# 🏠 金属家具

金属家具在清洁的时候，用抹布蘸上少许机油擦拭，就能轻松去掉表面的污渍。金属家具清洗以后一定要擦干，不要遗留水分。清洗干净之后，可以在金属家具表面涂上一层光蜡或者植物油，这样不仅能防止生锈，还可延长使用寿命。

# 🏠 皮革沙发

皮革沙发最怕潮湿，遇上水以后会让皮质发生变化，所以在清洁的时候应该尽量避免接触到水。

皮革沙发的清洁要从除尘开始，否则灰尘的颗粒会刮坏沙发。可以选择用乳液或者橄榄油来擦拭，这样不仅可以清洁灰尘，还能让皮革恢复光亮。

如果不小心让皮革沙发沾到水，可先用干布擦干表面水分再自然风干，然后用涂有婴儿油的抹布擦拭沙发，这样可以避免皮革龟裂。

## 蜡笔痕迹

皮革沙发上面留下蜡笔痕迹也是一件让人头痛的事情，用东西刮掉？不不不，这样既容易刮坏沙发，又不容易除去污迹。下面教你几个简单有效地去除方法。

①其实只要有一点酒精或风油精，就能轻松帮你搞定这个棘手的问题。取一块干净的抹布，蘸上少许酒精或风油精，轻轻擦拭蜡笔痕迹就能去除污渍。

②用一般的绘画橡皮也可以，只需将其以画圈的方式来擦拭蜡笔痕迹，然后用干净的抹布擦干净即可。

③如果以上用品都没有，不妨试试护手霜，只需挤上少许在笔痕部位，然后用抹布稍稍揉搓片刻，再用干纸巾擦掉即可。

## 圆珠笔痕迹

皮革沙发上的圆珠笔痕迹直接用皮革清洁剂就能轻松搞定。若没有的话，可以试试下面的方法。

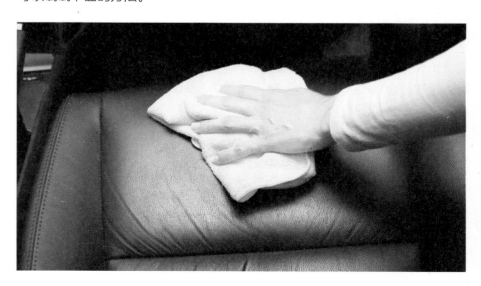

①可以用毛巾蘸上少许稀释的酒精轻轻抹去污渍，再用湿布擦去残留的酒精，然后用干毛巾拭干表面的水分，等到风干之后用皮革保养剂进行保养。

②没有酒精，用橡皮的话也能轻松擦掉沙发上的笔迹。

③洗发水加白醋也有神奇效果。方法是：先倒上一点洗发水，再用牙刷蘸上白醋进行刷洗，圆珠笔印就会完全消失了。

④如果有喝剩的牛奶不妨涂在笔迹上试试，然后用干抹布就能擦掉了。

## 裂痕

皮革沙发使用时间过久或遇水后处理不当，容易出现细小的裂痕。

不妨试试用与沙发颜色相同的颜料反复涂抹裂痕的部位，直到痕迹完全被遮挡住，然后等自然风干，关键的一步来了：只要在上面涂上一层凡士林，就会发现你的旧沙发翻新了。同样的方法处理沙发上的磨痕也是有效的。

# 布艺沙发

做好布艺沙发的日常护理能为我们的日常清洁省掉很多麻烦。

①给布艺沙发穿上沙发套，这样就可以阻挡好多污渍了。

②定期给沙发吸尘，每周一次是最好的，沙发的扶手、靠背和缝隙也不能放过哦。

③沙发上有灰尘但是未弄脏布面时，可以用宽胶带粘除或者用软毛刷直接拂去。

④沙发上如果沾染到食物或者烟味时，可以喷洒小苏打后静置片刻，再用吸尘器吸掉即可。

# 毛绒沙发

教你如何有效去除毛绒沙发上的污渍哦！

①用干净的毛刷蘸上少许稀释的酒精，在污渍的部位轻轻刷洗，直到将污渍洗净，再用吹风机吹干即可。

②如果不小心洒上果汁，可用少许苏打粉加清水调和，用干布蘸上少许擦拭污渍的部位，这样就能快速清除干净了。

# 家电清洗

## 空调

　　空调使用时间长了，空气中的灰尘、细菌就容易附着在滤网上，机体上也会留下污垢。如果不定期清洁，不仅会影响空调的寿命，还会影响空调的品质。

　　其实空调的清洁只需要小苏打就能行。开始清洗之前，一定要先将电源拔掉，以保证自己的安全。清洁滤网时，先用吸尘器吸走表面的灰尘，然后将滤网浸泡在小苏打水中约一个小时，如有顽固污渍，可用海绵刷洗，最后用清水擦拭干净即可。

　　由于机体表面是凹凸不平的，所以用刷子按照上面的纹路来刷洗是比较方便的，建议自上而下轻轻刷洗。然后用海绵浸上小苏打后拧干，用来擦拭机体以及出风口。再用清水擦拭一遍，最后用干抹布擦干即可。

# 电视机

彩电是最常用的家用电器之一，但是其维护和保养却常常为我们所忽视。其实，要延长彩电的使用寿命，只要注意日常生活中的一些保养细节就可以了。彩电上总会积上灰尘，所以，日常对彩电的清洁工作是有必要的。

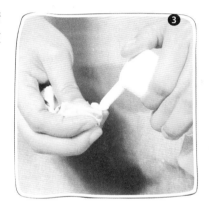

① 彩电外观的清洁包括外壳和屏幕的清洁。当发现有灰尘后，先将小毛巾在清水中浸湿。

② 用力挤干毛巾里的水。

③ 蘸点洗涤剂（见图）。

④ 用蘸有洗涤剂的毛巾擦拭电视外壳及屏幕。

⑤ 如果一次擦不干净，可以重复擦拭多次，直至干净。

⑥ 用干抹布将电视擦干净，待水分完全晾干后，即可通电使用。

电视机的外壳可以用水清洗，但抹布必须是半干的，即用手拧不出水来。

清洁时，先切断电源，将电源插头拔下，用柔软的布擦拭，切勿用汽油、溶剂或任何化学试剂清洁机壳。如果外壳油污较重，可用 40℃ 的热水加上 3 ~ 5 毫升的洗涤剂搅拌后进行擦拭。

## 音响

　　很多人因为想享受客厅影院的感觉，于是就买了大大的音响摆放在客厅，但是时间久了，音箱上就很容易积聚灰尘，而且很难清除。那不妨试试下面的方法吧。如果灰尘不是很多，可以直接用胶布粘掉上面的灰尘；如果灰尘太多，就先用吸尘器将尘土吸出来，然后用刷子刷掉表面残留的灰尘，再用干抹布擦一遍即可。

## 加湿器

　　很多人都习惯在客厅放一台加湿器，以缓和天气的过分干燥。但是加湿器又很容易成为细菌繁殖的温床，这样会对人体造成伤害，所以加湿器的定期清洗是必需的。

　　先将加湿器的零件拆卸下来，喷洒上柠檬水，再用牙签将零件小缝隙的污垢剔除干净，然后用清水冲洗干净。在机体和零件上喷上酒精后，用干净的抹布仔细擦拭一遍，等待自然风干后将零件组装起来即可。

# 电风扇

风扇用久了常会有一堆灰尘及毛絮卡在里面，不卫生而且会加速电风扇的折旧。顺手清洁一下会延长电扇的使用寿命。

① 用卫生纸将卡在网盖上的毛屑及灰尘擦干净，再用湿抹布擦拭一遍。

② 扇页部分可以用鸡毛掸清除灰尘（见图）。

③ 若扇叶可拆洗，就先用清水冲洗，再以微湿的抹布彻底擦干净（见图）。

④ 电风扇的网盖背面是马达，是不可拆洗的部分，同样也是用卫生纸先除掉灰尘。

⑤ 以微湿抹布擦拭。

⑥ 将扇叶与网盖晾干后，再组装回去，如此就完成所有的清洁了（见图）。

# 🏠 饮水机

饮水机一定要定期清洗，但是一定不能用消毒水来清洗，因为残留液如果没有冲洗干净，对健康是非常有害的。那可以用什么来清洁呢？

先将饮水机内的残余水分放掉，然后倒入适量白醋加热半个小时，再从饮水机后侧放出后用清水冲洗几遍，直到将气味冲洗干净，这样饮水机内部就清洗干净了。饮水机外侧可用煮好的柠檬水来擦洗，不仅能让饮水机焕然一新，而且还有一股清香的柠檬味。

# 🏠 遥控器

遥控器平时使用比较多，很容易沾上污垢，对健康不利。但是遥控器很难清洁，特别是键盘间的灰尘，所以需要掌握一些清洁技巧。

① 找一根橡皮筋，打一个结。

② 将橡皮筋的结在遥控器的按键之间来回滚动，可清除小间隙中的污垢（见图）。

③ 　用湿抹布沾水，进一步擦拭残留的污垢（见图）。

④ 　用干抹布将水擦干。

## 开关和插座

> 　电灯开关和插座都是易脏不易清洁的物品，利用过期的洗甲水来清洁电灯开关和插座比一般清洁剂的效果要好，既能进行废物利用，又方便快捷。

① 　准备一瓶过期洗甲水、一块干抹布、数根棉花棒。

② 　用干抹布蘸取适量过期的洗甲水。

③ 擦拭脏污的电灯开关及插座周围。

④ 用棉花棒蘸取洗甲水擦拭开关与开关之间的细缝。

⑤ 用湿抹布擦拭开关及插座周围，最后用干抹布擦干。

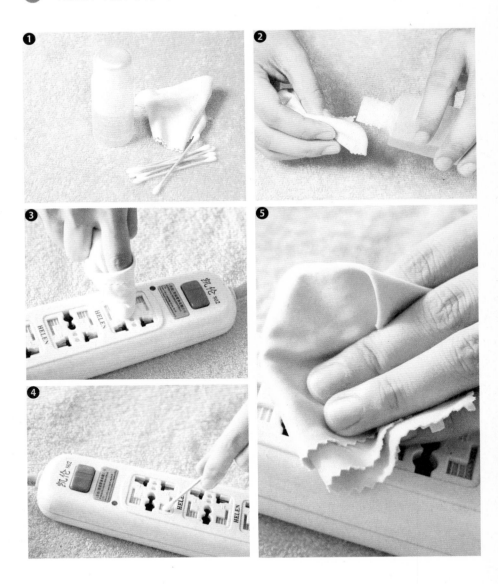

Part

# 4

让厨房
不再油腻

# 厨房的收纳整理

## 🏠 厨房用具

### 碗盆的放置

可将大大小小的柜子，分成不同的层次，分门别类地将厨具摆放在固定的位置上，让厨具多而不杂乱。

①两边的多层格子：左边放碗具，右边放盆具，使用频率高的放中间层，少的放上下层。去污用品也合理地摆放在狭小的空间，使厨房显得紧凑。

②抽屉：抽屉里放盘子最为安全，用起来只需要拉开抽屉就行了。用塑料筐子把酱油、醋等物品装起来也放到抽屉里，把抽屉的功能很好地发挥出来。

放在抽屉内的玻璃杯，若开关时较用力，很容易发生碰撞而劈裂，可以先在抽屉内放一块防滑垫，再放杯子，这样杯子就比较不容易随着开关抽屉而滑动发生碰撞啦。其他放碗碟的柜子也可以这样做。

## 吊挂常使用的厨具

将烹煮三餐常会用到的厨具（比如刀子、铲子、勺子等），挂在显眼的地方，不仅用时拿取很便利，而且有利于厨具上水分的自然蒸发，如果摆放得整齐，还会有一番另类的整体美感。

这时金属挂件的出现就能帮你收纳厨房中那些零散但又必需的小东西，或者在墙面上安装横杆、挂钩，以便放置可吊挂式物品和工具。另外，在安排这些横杆、挂钩时要考虑到自我的使用习惯，这样用起来才会更顺手。①每次用完沥水篮，如果把它扣在离洗碗池近的桌面上，总会弄湿部分桌面，而放在洗碗池里，又很难沥干。可以将S钩固定在洗碗池上方的门把上，这样每次用完沥水篮，可以将它直接挂在S钩的另一端，让篮子上的水直接滴在洗碗池里，方便又不占用空间。

②下方的橱柜门把上也可以挂一个S钩，可以用来收纳锅、砧板类。

③如果家里的橱柜没有门把，也可以在吊柜下方处加两根毛巾杆，不仅可以用来放置砧板，也可以挂S钩放沥水篮，但是不可以放置较重的炒锅哦！

④在厨房的墙面，或者吊柜的下方，加个吸盘式的挂夹，就可以吊挂橡胶手套啦！不仅方便取，而且用完后也方便晾干。

## 其他小物品的收纳

　　厨房小物品是最多最杂的，收纳时不容易，找起来也很麻烦。

　　小物品最好竖立放置，这样找起来会方便很多，而且又能节省空间，让厨房看起来更加错落有致。筷子和搅拌用具之类的小物品都可以这样收纳。

## 砧板的收纳

　　砧板是厨房必备的，会经常使用，并且要经常清洗，但是如果湿漉漉地收到柜子里，就容易滋生细菌，还容易长虫子，想起来都是件恐怖的事。下面就教你一些小方法来收纳砧板，这样既方便、干净又美观。

① 把"L"形书挡固定在水龙头的旁边，把砧板卡在"L"形书挡当中。

② 把砧板挂在挂钩上。

③ 运用"S"形挂钩，把砧板挂在橱柜的把手上。

## 瓶瓶罐罐的收纳

　　调味罐如果不整齐放好，位置很容易打乱，明明记得它应该是在那里的，但是下一次又找不到，且如果拿比较靠后的罐子，前面的很容易被碰倒。将这些瓶瓶罐罐全部放在收纳篮里，固定一个位置，且最好是带轮子的收纳篮，如果要拿比较不常用的罐子时，把篮子拉出来即可，不用找上一段时间。

　　文件篮不仅可以收纳文件，还可以收纳厨房的瓶瓶罐罐。

①　厨房里的瓶瓶罐罐特别多，直接放在台面上，时间一长，台面上很容易粘上油渍，清洗起来很不方便，用纸张垫在文件篮里就省事多了。

②　在每个餐盘间夹一张餐巾纸，就可以避免盘子间因直接接触而撞裂。

## 碗柜

厨房应该体现坚固、亮洁、清爽、有序的特点，给人光亮、干净、细致的感觉。

碗柜改变了以前的传统吊柜形式，将碗、盘子、碟子分层摆放，显得干净、整齐，壁柜只需轻轻一拉就能很方便地拿到所需用具。

## 立柜

立柜在厨房中占用的体积较大，所以它的收纳空间相对来说也就比较宽裕，收纳物品的能力自然比较强。

一般来说，可以把它作为储藏柜来运用，不太常用的物品都可以收纳进这个"庞然大物"中，既节约了空间，又使厨房显得整齐利落。而且，立柜中的隔板间距都是可以调节的，其中还设有通体筐，是最高的收纳篮，它和橱柜一般高，适合将瓶罐类物品分类储存，决不杂乱。

## 水槽下空间的整理

在狭窄的厨房里，水槽下的空间是很珍贵的收存场所。但是排水管已经把空间分成两部分了，怎么办呢？动一下脑筋就可以很好地利用这个空间了。

①把水管分成的两部分，左边放个架子，在下边放盆子；右部分放个架子，下面可以用来收存锅盖，上面放零食罐子。

②如果将一侧柜子空隙做得够大，那就可以在中间安装一个可活动的金属篮，这样就可以用来放最随手取放的东西，如调料罐及碗碟。

## 零散食物收纳

厨房里的粉类、豆类收纳起来很是麻烦，用塑料袋装起来放在抽屉时，要用时找起来又不方便。其实你可以利用每次喝完的果汁瓶解决这个问题。

先把要收纳的粉类、豆类顺着瓶口倒入瓶中。再剪下包装名称与保存日期，用透明胶带粘在瓶身上，这样找起来就很方便了。

有小宝宝的家庭也可以将宝宝喝完的奶粉罐拿来装粉状、颗粒状的食物。

奶粉罐的密封性佳且材质坚固，很适合用来放面粉、地瓜粉之类的粉类食材，还可以搭配原来附有的勺子一起使用。可以用包装纸重新包装奶粉罐，并在包装纸上注明食物的名称，以免误食。

## 🏠 冰箱

冰箱是家中一个比较隐蔽的杂乱场所，不妨试试下面两种方法，让你的冰箱整齐有序，一目了然。

多使用置物盒或收纳盒。一些容易被其他东西遮住的小东西或瓶罐，可使用置物盒或收纳盒先分门别类再集中管理，如调味料、果酱、奶油、食料等。

收纳架的使用。冰箱内有效地使用收纳架可增加许多空间。如使用餐盘置物架就可将餐盘堆起来，就不用一个菜盘压着一个菜盘，还可以多收藏几盘了。在冷藏蔬果时可将蔬果直立起来，放在蔬果收纳架内，不仅能保鲜又能避免相互压挤。

我们平时用冰箱保存东西时，很容易就将冰箱塞满了，其实，只要稍加整理，冰箱还是会有很大空间的。

　　冰箱抽屉里的物品要竖着摆放，不要把物品摞起来，这样在找东西时就不用花很多时间。

　　冷藏食物的时候，要注意时间顺序，晚放的一定要放在后面，食用时从前面开始，这样就不用担心因冷藏时间过长而影响食品的口感。另外，相同的食品不要摆成横排，一定要从里到外，这样在摆放时就能让人知道摆的有哪些种类，同时我们自己也可以利用纸盒。自己动手做能装瓶子的盒子，切口用胶布粘上，然后竖着放，这样抽出来也很方便。

# 🏠 厨房电器的摆放

　　厨房总是有电饭锅、咖啡机、烤面包机、洗碗机、果菜榨汁机等小家电，摆放这些小家电颇需要花费一番心思。

　　电器的摆放位置可以根据使用频率来确定，这样方便取放。摆放尽量按照轻上重下的原则，这样挪动也不会很困难。

　　另外要考虑的就是这些小家电不能浸到水，所以离水槽处要有一定的距离，同时有些厨具厂商会再设计一道活动铝卷帘或是电动玻璃门片，遮饰家电用品并解决油烟沾染问题，讲究厨房的整体感。

# 环境清洁

## 🏠 水龙头

厨房中的水龙头用久了会因氧化而变黑，甚至生锈。可以用以下四种方法让水龙头恢复亮丽的光泽。

①先将干抹布蘸取少许面粉擦拭水龙头，然后再用湿抹布擦拭一遍，最后用清水冲洗干净即可。

②将湿抹布蘸取少许香烟灰，再反复擦拭水龙头，最后再用清水冲洗干净，这样也能使水龙头变得干净有光泽。

③取一块橙子皮，用橙子皮反复擦拭水龙头后再用清水冲洗干净即可。

④可以在水龙头上淋少许白醋，5分钟后再用湿抹布擦拭干净即可。

## 🏠 水槽

厨房水槽常常因较多油污通过而导致污垢较多，时间久了不仅气味难闻，而且也很难清洗。可以尝试以下方法来清洗，让水槽焕然一新，并且没有异味。

①将喝剩下的可乐或雪碧倒入水槽中，用清洁海绵擦拭干净，再用清水冲洗一遍即可。

②用抹布将肥皂水涂抹在水槽内壁上，再用清洁海绵擦拭，最后用清水冲

洗干净即可。

③用橘子皮擦拭水槽内壁，可以使水槽内壁焕然一新。

④清洗不锈钢的水槽时，可以用清洁海绵蘸取适量面粉涂抹在水槽内壁上，用力擦拭后再用清水冲洗干净便可。

水槽中的小滤网或小滤桶可以先用热水冲淋，再用牙刷蘸取洗洁精刷洗干净，这样就不会产生黏腻感，也不会产生臭味，可保持良好的过滤效果。

## 水池缝隙的清洗

水池缝隙是卫生死角，用抹布是很难彻底清洗干净的。那就试试下面的方法吧。

①将用剩的肥皂套在丝袜里，在水池的缝隙处用力刷几下，然后用废旧的牙刷刷洗，最后用水冲洗干净即可。

②用废旧的牙刷蘸上细盐加小苏打，然后仔细刷洗水池的缝隙，再用清水冲洗干净，就会发现水池的缝隙处也焕然一新了。

## 水槽排水管的清洗

厨房中的排水管常常会因清洗食材而不小心堵塞，如何保养排水管呢？下面介绍的两种方法可以有效保养排水管。

①将适量咖啡渣倒入水槽中，再用水冲洗排水管，可以有效去除排水管中的油污，还可以去除排水管散发的异味。

②也可以在排水管口倒入适量小苏打，然后淋入适量白醋，再用热水冲洗排水管，这种方法去污去味很有效，因为小苏打和白醋会发生酸碱反应，从而产生很多气泡，这些气泡可去除水管中的油污，再用适量热水冲洗一遍即可。

③滚烫的剩油或汤水要倒掉的时候，勿直接倒入洗涤槽，以免排水管扭曲变形或破裂，应冷却后再丢弃。

## 瓷砖烹饪台

烹饪台上有铁锈斑存在时，既难以清洗又影响美观。

①先将 5 份草酸和 100 份水混合均匀，制成清洗液。

②将草酸水的混合液加热至烫手，然后用干净的抹布蘸上少许后，擦洗铁锈斑。

③在铁锈斑去掉后，再用 5% 的氨水洗一遍，最后用水清洗，直至清除异味即可。

## 大理石烹饪台

当大理石上有脂肪污迹存在时，如何快速有效地清洁呢？可尝试下面的方法。

①先用汽油将粉状白黏土调至糊状，再用软布蘸此糊剂刷脂肪斑，即可去除污迹。

②也可以采用浓度为 5% 的苏打水溶液或者浓度为 5% 的氨水擦洗。

汽油、氨水的气味都比较浓烈，可将大理石上的污迹擦拭干净之后，用清水多擦洗几遍，直到气味彻底清除。

## 灶台

家里的不锈钢灶台使用时间长了，四周最容易积藏污垢。传统的清洁方法虽然清洁了灶台，但是容易留下刮痕。那么该怎么做才能既不造成刮痕又能除垢呢？

①用切开的白萝卜搭配清洁剂擦洗厨房灶台面，将会产生意想不到的清洁效果。

②做饭剩下的黄瓜头和胡萝卜也有相同的功效，只需将其用叉子穿着在火上烤一会儿，然后直接用来擦拭不锈钢灶台即可。

③将小苏打加水调成糊状，然后用抹布蘸上些许擦拭灶台上的污迹，再用湿抹布清洗干净即可。

## 煤气灶

煤气灶台使用久了，也该帮它去去污了。台面先用面巾纸覆盖在上面，再用浴厨清洁剂喷湿，过一会儿后，擦洗干净即可。再将炉嘴和炉架卸下，用毛巾轻轻擦拭之后，用纸巾覆住，喷上清洁剂，过会儿再清洗，即可干净。

燃气灶使用时间长了难免留下油渍、污迹，这些清洁起来也是有妙招的。

①清洁燃气灶上的油渍，可用抹布蘸上适量煤油，然后在油污处擦拭就可以了。

②要想去除燃气灶上的陈年污迹，可首先喷洒一点油污清洁剂，然后再用报纸或者湿布擦拭几下就干净了。如果要去除新的油迹，只需趁热用抹布擦几下就干净了。

## 🏠 异味去除

厨房墙角是死角，如果不经常清扫，常常会产生难闻的异味。可以用以下方法巧除墙角异味。

①在锅中加少许食醋加热后让其蒸发，产生的雾气散发到厨房墙角可以有效去除异味，这种方法非常有效，而且还可以有效杀菌。

②取少许山药皮放入锅中加少许水煮 5 分钟，然后将水倒入喷壶中，再将喷壶中的山药水喷在墙角，也可以有效除臭去异味，还可以有效杀菌。

## 🏠 厨房纱窗

伴随着厨房长时间的使用，厨房纱窗便成了吸油烟最厉害的地方，清洁起来总是无从下手。下面教你一个简单的好方法。

先取些面粉，再放些水，用力地搅拌，打成稀面糊。然后把稀面糊赶快涂在纱窗的两面，再把它抹均匀，等待 10 分钟。此时面糊已糊上了纱窗上的油腻物，再用刷子反复刷上几次，油污就会随面粉一起脱落下来了。

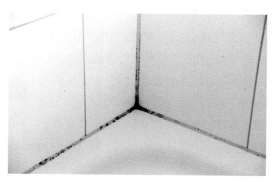

## 🏠 厨房墙面

### 黄斑

烹饪时飞溅到墙壁上的油渍，若未即时处理，时间一久，就会形成一点点的黄斑。

此时，可以在墙壁上喷一些清洁剂，再贴上厨房纸巾，约过 15 分钟后，再进行擦拭的工作。或是直接将少量的清洁剂倒在抹布上，擦拭黄斑后再用清水冲洗。至于瓷砖缝等较难清洗的地方，则可借助旧牙刷刷洗。

### 油污

保鲜膜是我们最熟悉不过的厨房用品了。它除了具有包装食物、保持食物新鲜的作用外，还具有防污的作用。利用保鲜膜防油污不仅操作简单，而且相当省事。

大家都知道，厨房临近灶台的墙面非常容易脏，如果在此贴上保鲜膜，就可以解决这个烦恼了。由于保鲜膜具有容易附着的特点，加上呈透明状，肉眼不易察觉，所以，数星期后待保鲜膜上沾满油污，只需轻轻将保鲜膜撕下，重新再铺上一层即可让墙面保持亮洁。

### 瓷砖接缝处污垢

厨房是最易藏污纳垢的地方，由于油污对灰尘的吸附作用，最后就容易在瓷砖接缝处形成大量黑垢。其实只需要一把牙刷就能帮你轻松解决。

首先在刷子上挤适量的牙膏，然后直接刷洗瓷砖的接缝处。牙膏的量，可以根据瓷砖接缝处油污的实际情况来决定。如果瓷砖接缝处的方向是纵向的，在刷洗的时候，也应该纵向刷洗，这样才能把油污刷干净。

## 垃圾桶除菌

垃圾桶是最容易滋生细菌和异味的地方，如果不及时清理垃圾桶，那么各种异味和细菌都会产生。以下介绍的三种方法可以有效去除垃圾桶细菌。

①在垃圾桶内放入几颗樟脑丸，不仅可以驱虫杀菌，还可以除去异味。

②在垃圾桶底部放入 2 ~ 3 包干燥剂，不仅可以吸收垃圾桶内的水分，还可以有效除菌、去异味。

③将垃圾桶内的垃圾清除后，用清水冲洗干净，再放入阳光下晾干，可以有效除菌。

# 餐具、厨具的清洗

## 玻璃杯

玻璃杯是家中常用的杯子，如红酒杯、啤酒杯等都是用玻璃制成的，这些玻璃杯看起来透明，且内部空间狭窄，要清洗起来，还真的不是那么容易。

① 在温水中加入少量的盐，充分拌匀。

② 再在温水中加入少量的醋（最好用白醋），搅拌均匀。

③ 将玻璃杯放在混合液中清洗干净。

④ 再用清水冲洗一遍。

⑤ 用软布将玻璃杯上的水擦干即可。

## 咖啡杯

咖啡容易在杯子的内壁上留下咖啡渍，每次喝完咖啡后杯子都比较难清洗。咖啡杯不能用硬质刷子和碱性过强的洗涤剂清洗，以免刮伤或损害咖啡杯的表面。不妨尝试以下方法快速清洁咖啡杯。

①可以向咖啡杯内撒少许盐，再用湿布擦拭片刻，最后用清水冲洗干净就可以。

②长期使用或未能马上清洗的咖啡杯上的咖啡渍更难清洗，可以向杯中挤少许柠檬汁，浸泡片刻后，再用清水冲洗干净即可。

③如果咖啡渍实在难以去除，还可以蘸上一点牙膏擦洗 2 分钟，最后用清水冲洗干净即可。

④最好是每次喝完咖啡后及时冲洗咖啡杯，这样可以保持咖啡杯的清洁。

## 🏠 碗筷

油腻腻的碗若很难洗净，可以尝试用以下方法轻松去油污。

①用洗洁精洗碗，可以有效去除油污，再用清水轻轻洗净即可。

②用喝剩下的茶叶渣可以轻松去除玻璃碗上的油污。

③用潮湿的洗碗布蘸一点小苏打，然后擦洗碗上的油污，再用清水清洗即可。

④可以用玉米面擦洗碗表面的油污，再用清水轻轻洗净即可。

筷子有了异味，可浸于淘米水中，再加盐或碱擦洗，或用生姜或洋葱擦几遍，然后用热水冲洗刷净。洗净后在筷子上倒点醋，放到太阳下晒干，再用清水洗净。

另外，还要注意定期清洗筷子盒，最好是透气好网眼大又不致使筷子掉落的那种，勤晒太阳，进行消毒。同时不要将所有的筷子都拿出来用，只要摆上常用的几双筷子就行了，这样筷子盒空间大利于通风透气，从而不致发霉，有异味。

## 🏠 塑料饭盒

　　塑料饭盒里的油污很难清除干净，即使清除掉油污了，饭盒里也有一般难闻的味道。而小苏打是清洁除味的强力法宝，不妨来看看小苏打清洁饭盒的神奇功效。

1　在水中加入大半匙小苏打粉。

2　将有油污的饭盒在水中浸泡约10分钟。

3　用小毛巾轻轻擦拭饭盒，就能轻松去除油污。

4　用清水冲净即可（见图）。

　　这里介绍一些简便的消毒方法。

　　使用塑料保鲜盒前，可用开水浸泡一下，或者将塑料保鲜盒放入开水中煮沸约10分钟，一般细菌就会被杀灭。另外，也可用一小匙漂白粉加两杯冷水的比例，配成漂白粉液，将洗净的塑料保鲜盒放入浸泡，2分钟后取出，用清水冲洗干净便可使用。

## 🏠 刀叉

　　刀叉一般比较难清洗，而且不能用钢丝球来擦拭刀叉，否则会破坏刀叉表面的光洁度。清洗刀叉可以尝试用以下方法。

　　①水池中倒入适量热水，然后倒入少许小苏打溶解成溶液，再把要洗的刀叉放入水池中，浸泡约1小时后，再用清洁布将刀叉擦拭干净，最后用清水冲洗一遍即可。

　　②还可以用清洁布蘸取少许醋擦拭刀叉，最后用清水冲洗干净。

# 不锈钢餐具

不锈钢餐具是比较实用的，清洁方便又耐用不怕摔。但是即使洗得再干净，时间久了这些餐具总是看起来很脏。不妨试试下面的光洁小妙招。

①将小苏打洒在湿的不锈钢餐具表面，用软布擦洗干净即可。

②将做菜剩下的胡萝卜用叉子穿起来，然后放在火上烤一烤，再用来擦拭不锈钢餐具，这样就能让餐具恢复光洁如新了。

# 菜刀

菜刀在使用之后，如果不擦干就随意摆放，刀身很容易氧化生锈。如果菜刀生锈了，不妨试试下面的方法吧。

①可以用做菜剩下的白萝卜擦拭刀身上的锈迹，然后再用干布擦干净或涂上少许油即可。

②淘米剩下的水也可以用来去除刀锈，只需将刀身浸泡在淘米水中，半个小时之后用钢丝球就能轻松消除刀锈了。

# 砧板

坚持生熟分开的原则。由于生菜上有较多的细菌和寄生虫卵，因此，菜板不可避免地要受到污染，如果再用这样的菜板切熟食，就会使熟食污染。

菜板用过后，用硬板刷和清水刷洗，将污物连同木屑一起洗掉。然后再用溶有食盐的洗米水或洗涤灵洗擦，最后用温水洗净即可。菜板用一段时间后，可用菜刀将菜板上的木屑刮削一下，使菜板污物彻底清除，并可使菜板保持平整，便于使用。

**除异味**

砧板容易有异味，可以采用下面的方法巧妙去除砧板上的异味。

①切完肉后，将砧板浸泡在淘米水中10分钟，用盐水刷洗干净，再用热水冲洗即可。

②切完肉之后，在砧板上喷上少许白醋，放置20~30分钟后再冲洗干净，这样不仅能杀灭砧板上残留的细菌，还能消除残留的异味。

③小苏打是除臭好手，如果砧板上已经残留有异味，只需在上面撒上1~2勺小苏打，然后用清水冲洗干净即可。

## 防开裂

厨房中的砧板很容易开裂。要想防止砧板开裂，买回新砧板后，应立即涂上食用油。

具体做法是：在砧板两面及周边涂上食用油，待油吸干后再涂，涂三四遍即可。砧板周边易开裂，可反复多涂几遍，油干后即可使用。经过这样处理，砧板就不易出现裂痕。

因为油的渗透力强，又不易挥发，可以长期润泽木质，能防止砧板爆裂。涂油还有防腐功能，砧板也因此经久耐用。

# 菜篮

洗菜的篮子，即使每天都用水在冲洗，上面也总是油腻腻、脏兮兮的，其实牙刷加面粉就能帮你很好地进行清洁。只需将牙刷蘸上少许面粉，仔细刷洗缝隙处，再冲洗干净即可。对于污渍比较厚的，可先用洗洁精浸泡10分钟再刷洗。

# 不锈钢锅

不锈钢锅一旦沾上黑垢很难刷洗。其实只要在较大的锅中加清水，投入一些柚子皮，再把较小的不锈钢锅放入，煮沸20分钟熄火，待冷拿出，锅就光亮如新了。

## 不粘锅

首次使用前，要把标贴撕去，用清水冲洗并抹干，涂上一层薄薄的食用油，再清洗后方可使用。

烹调时应用耐热锦纶、塑料或木制的锅铲，避免尖锐的铲具或金属器具损害不粘锅的表面。

使用后须待温度稍降，再用清水洗涤。遇上顽固污迹，可用热水加上洗洁精，用海绵清洗，勿用粗糙的砂布或金属球大力洗擦。

## 铝锅

铝锅内积满了垢，却不知道如何去除干净？告诉你一个小妙招。

将苹果皮放入锅内，加少量水煮沸。用苹果皮擦洗铝锅，由于果酸的作用，铝锅的垢会很容易除去。

## 铁锅

铁锅使用久了，锅上积存的油垢难以清除掉，如果将新鲜的梨皮放在锅里加水煮一会儿，油垢就很容易清除了。

刚买的新铁锅有一股异味，可用锅放上盐炒 3 ～ 5 分钟，异味即可去除。

## 🏠 砂锅

砂锅里结了污垢，可在锅里倒入一些米汤并浸泡烧热，再用刷子把锅里的污垢刷净，最后用清水冲洗便可。

如果砂锅上沾染了油污，可以用喝剩的茶叶渣在砂锅的表面多擦拭几遍，就可以将油垢洗去。另外，砂锅的材质特殊，要等到砂锅冷了之后再清洗，而且不能用洗洁剂浸泡，以免污水渗入砂锅的毛细孔中。

## 🏠 炖盅

煲汤用的炖盅使用完之后，如果不清洗干净，不仅会残留异味，还容易滋生霉菌。这样很容易对我们的健康造成威胁。其实只需要一些小苏打，这些你担心的问题就迎刃而解了。

①清洗炖盅时，用加有小苏打的热水认真清洗两遍，然后用干抹布将其擦干即可收存。

②如果没有小苏打，用硼砂也能起到相同的作用。将炖盅清洗干净，然后用抹布擦干，在炖盅内放入少许硼砂再存放起来。等到使用时，直接将硼砂丢弃，然后将炖盅洗净即可。

## 🏠 锅盖

锅盖用久了之后会蒙上一层油污，以前用钢丝球或者抹布擦洗，挺费劲的。可以把切菜时随手就准备扔掉的胡萝卜头留下来，在锅盖上有油污的地方滴上点洗洁精，然后用萝卜头来回这么一擦，油污立刻就去除了，再用湿抹布这么一抹，清水一冲洗，锅盖锃亮如新。

这样擦拭锅盖，丝毫不用担心会像钢丝球刷过后留下难看的刮痕。

## 🏠 海绵

厨房用的海绵，时间久了，就会变得油腻发硬。其实只需一点醋就能让海绵恢复柔软清洁。下面就让我们来一起见证奇迹吧。

往海绵中倒点醋，入温水中浸泡一会儿，再用清水清洗，就会和新的一样柔软了。

## 钢丝球

用钢丝球擦完锅底以后，钢丝球常是油腻腻的，缝隙中藏满了脏东西，这时再想把它洗干净，就会非常困难。

可以用火钳夹住钢丝球，放在火上烧。如果家里没有火钳，可以用小叉子叉住或用勺子挑住来烧。烧时一定要注意安全，手里最好垫块抹布，尽量保证钢丝球受热均匀。

等钢丝球完全红透了，关火放在一边，待钢丝球自然冷却后，磕落上面的污垢。这样清洁钢丝球，还给钢丝球高温消毒，一举两得。

## 抹布

厨房抹布是清洗的重点。因为厨房抹布常常处于潮湿的状态，很容易滋生细菌，一块抹布会滋生大约 70 亿个细菌，因此及时清洗抹布非常重要。可以用以下方法来清洗抹布：

①先将抹布用清水清洗干净，然后放到稀释的消毒液中浸泡半小时左右，然后再用清水冲洗干净，拧干，晾干即可。

②可以将抹布放到容器中，倒入适量洗涤剂和清水，在炉火上煮约 2 分钟，关火，待凉后再用清水冲洗干净。

③将抹布放在沸水锅中煮 15 分钟，最后用凉水冲洗干净。

天天使用的抹布，很容易藏污纳垢、滋生细菌，因此我们要做好抹布的灭菌工作。将抹布彻底洗净，放在阳光下晒干。如果没有阳光，可以将抹布放在微波炉中加热约一分钟后，取出、晾干即可。

# 厨房电器的清洗

## 榨汁机

用榨汁机搅打蔬果后，搅拌刀上常常会残留一些蔬果的残渣，这些残渣比较难清洗，如果清理不当还会导致榨汁机中散发异味。

可于每次用完榨汁机后，放入少许鸡蛋壳、洗洁精和适量清水，快速搅打1分钟，再用清水冲洗干净，即可有效去除榨汁机内的蔬果残渣。

## 豆浆机

先等桶内温度降至不烫手，或用冷水快速将其冷却，然后顺时针旋松，取下渣浆分离器，倒掉制浆后的豆渣，并用清水、毛刷轻轻地冲刷分离器的表面。

自动豆浆机的电加热器如结垢严重，可用毛刷对其进行刷洗；若一时无法刷去，可用冷水浸泡一段时间后再行清洗，然后倒掉清洗后的桶内余水，再稍加清水洗一下倒掉即可。此外，还可以用烧煮开水的办法去除电加热器表面垢层。

# 咖啡机

很多家庭都有咖啡机。咖啡机一定要定期清洗，最好是半个月左右清洗一次，否则时间长了再清洗就困难了。判断是否需要清洗时，就可以检查蒸汽的气压，当蒸汽的气压不理想的时候就要清洗了。

①清洗咖啡机时一定要选用专业的除垢剂进行清洗，这样既不会对机器产生损害，除污效果好，而且比较安全。

②可以用白醋兑清水1：1的比例制成混合溶液，然后再清洗咖啡机，最后再用清水冲洗干净即可。

# 茶壶

茶壶用的时间一长，就会出现讨厌的茶垢。茶垢不仅看起来脏，还会直接影响到人体的健康，因此我们要掌握去除茶垢的有效方法。

① 将茶壶用清水洗干净。

② 在茶壶内侧涂抹上一层食用盐，特别是有茶垢的地方。

③ 用小刷子用力刷洗茶壶。

④ 用清水冲洗干净。

## 🏠 电热水瓶

电热水瓶使用一段时间之后就会沉积一层水垢，不仅难以清洁，还会影响水质的口感。要想快速有效地去除电热水瓶中的水垢，就巧妙用醋吧！

① 在电热水瓶内倒入八九分满的水。

② 再倒入一点醋。

③ 将水煮沸，切断电源，放置1小时，醋中所含的醋酸能有效去除水垢。

④ 用海绵刷擦拭，即可轻松擦掉水垢，彻底清洁电热水瓶。

## 🏠 电饭锅

电饭锅用久了就会失去光泽，看起来不仅不美观，还会因此而影响人的食欲。现在教你一个小小的办法，让你的电饭锅在几分钟内就变得"靓丽"起来！

① 泡一杯红茶。

② 取出泡过的红茶包。

③ 用泡过开水的红茶包，擦拭电饭锅外表，不要遗漏死角（见图）。

④ 用干抹布擦拭电饭锅即可（见图）。

电饭锅使用的时间长了，煲米饭后锅底就容易出现锅巴，很难清洗干净，如果用蛮力又容易将锅底蹭坏。教你用米醋就能轻松轻松解决此事。

① 将适量米酒倒入锅里，以盖住锅底为宜。

② 浸泡几分钟后就可以轻松去除锅底的附着物了。

## 🏠 微波炉

**清洗**

微波炉使用时间久了，内壁就会吸附上很多油污，不仅会使炉内气味混杂，还会影响其加热效率。但是油污清洁起来也是让人不省心的，下面就教你一个妙招，赶紧来学学吧。

先将滴有洗洁精的小碗水放入微波炉内，然后加热 5 分钟，让带有洗洁精的水蒸气附着在微波炉内壁，使内壁的油污软化。然后找一张卡片就能轻松将内壁的油污刮下来了。最后只需用湿抹布擦拭一遍，待其自然风干即可。

## 除异味

　　用微波炉烹饪或加热食品之后，炉腔内往往容易留有异味。直接用水清洗又会显得太过麻烦，而且也不一定能消除气味。下面教你巧用柠檬除异味，还能留下清香的柠檬果味呢。

① 用玻璃杯或碗盛上半杯清水，然后在清水中加入少许柠檬汁或者食醋。

② 放入微波炉中。

③ 用大功率煮至水沸腾。

④ 待杯中或碗中的水稍微冷却后取出，然后用湿毛巾擦抹炉腔四壁即可。

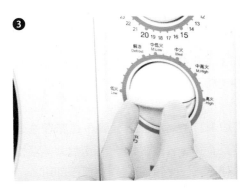
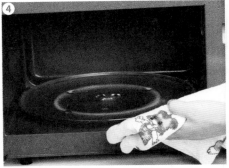

## 电磁炉

虽然洗电磁炉不是很累的活，但是一个人清洁起来却很费力、麻烦，这里要教给大家一个洗电磁炉的绝招。

**①** 将牙膏点在电磁炉上。

**②** 用芹菜根擦电磁炉。

**③** 用湿抹布擦拭。

**④** 用干抹布擦干即可。

## 烤箱

**清洗**

烤箱除了拆卸的部分，其他部分都不能直接用水冲洗，清洗的时候要格外小心。

**①** 使用完烤箱后，先将烤箱内的焦屑完全清扫干净。

**②** 在污渍处撒下苏打粉，停留片刻，使污垢彻底被软化。

**③** 用海绵或用水调苏打粉去擦拭污垢，这样就能在不遇水的情况下轻松搞定烤箱内的污垢了。

**除异味**

如果你还在为烤箱内的异味烦恼，不妨试试下面的方法。

① 放一碗柠檬水或1：1的白醋水，敞开容器后用100℃左右的温度干烤10分钟。

② 待烤盘冷却后将50毫升温水和少量洗洁精倒入烤盘中，盖上烤盘盖并插上插头，调时间旋钮至10分钟，热风循环可以自动清洁烤盘内的污垢。

③ 拔下插头等烤盘冷却后，再用温水冲洗烤盘，味道即可去除。

## 🍞 烤面包机

烤面包机使用时间久了，上面就会残留很多油脂印和手印。

可以用软布蘸上少许醋来清洗，就能有效去除面包机表面残留的油渍和指纹痕迹。如果烤面包时不小心残留了面包碎屑，记得要将电源拔掉，然后用软毛刷将面包屑清理干净。如果不清理掉的话，下次烤面包时就会有煳味。

## 🏠 抽油烟机

### 油渍的清洗

把餐巾纸浸泡在废油里到浸透为止，接下来用浸了废油的餐巾纸擦抹有油污的抽油烟机，再用热水冲洗一下就可以了。

在污染最严重的扇叶和护栏处放置 5 分钟，浸透 5 分钟后再擦洗，油渍就更容易去除了。

### 油盒的清洗

很多家庭都有这样的烦恼，油烟机的油盒是很难清洁的部分。

其实，只要事先在油盒中灌入一些水问题就解决了，因为油的比重比水轻，所以油滴自然就会浮在水面上，而不再像以往一

样腻在盒子的四壁，清理时只要倒掉水就可以了。

**风扇罩的清洗**

　　风扇罩上的油污也不少，我们同样把吹风机开到最大的功率，紧贴着风扇罩吹风。先横向吹，再纵向吹，一面吹完了，用同样的方法吹另一面。然后把这个风扇罩放在加了洗涤剂的水里，用抹布或者刷子进行洗涤，油污就较易洗去了。

## 洗碗机

　　洗碗机用久了，内部会沉积一些残渣和脏物，所以洗碗机在使用完之后也需要清洁。

　　①清洁水垢。洗碗机是将水加热之后进行清洁，用久了难免会产生水垢，只需要加醋或者柠檬水运行一遍，就能将洗碗机内的水垢清除了。

②去除铁锈。洗碗机如果经常得不到通风干燥，就容易产生铁锈。可以直接用炊具除锈剂清洗或者用苏打水清洗几遍即可。

## 消毒柜

清洗消毒柜时一定要先拔掉电源，将消毒柜下端的水倒出来，然后用干抹布擦干净，再用干净的湿抹布蘸取少许洗洁精轻轻擦拭消毒柜内外的表面，最后用干抹布擦干即可。

消毒柜是通过红外发热管通电加热，使消毒柜内的温度上升至200℃左右，从而达到消毒的作用。消毒柜内的红外线加热管的电极会因为潮湿而发生氧化现象。因此，在使用消毒柜的时候一定要注意，务必将餐具擦干后再放入消毒柜内。否则，消毒柜内的各个电器元件就容易受潮而氧化，通电的情况下容易烧坏电器。

## 冰箱

### 正确储物

冰箱是我们储存食物的主要地方，因此对它的清洁是丝毫不能马虎的。下面教你一个小妙招，轻松帮你省去许多清洁的工夫。

废纸盒不要扔掉，它可以用来清洁冰箱。将废纸盒安置在冰箱中，这样买回的生鲜食材就可以直接放在纸盒中，不用害怕食物上残留的细菌直接接触到冰箱内壁。吃剩的饭菜用保鲜膜包好之后直接放在纸箱中，这样就不怕菜汤洒在冰箱内壁上了。

每周定期更换纸箱，然后用湿抹布擦洗保鲜盒内部，这样可以保证冰箱内部的清洁，不用每次都大动干戈了。

根据冰箱保鲜盒的大小剪成适当的高度，把盒子整齐地摆放在冰箱的保鲜盒中即可。

### 清洗

一般家庭的冰箱都缺乏足够的清洁，会使冰箱表面布满污渍，看起来不美观。其实，日常必备用品——牙膏，就能清洁冰箱的外壳。

　　首先，用抹布将冰箱外壳清洗一遍。再准备一块清洁海绵（注意不能太湿），将牙膏挤在海绵块上擦拭冰箱上残留的污渍，最后用湿抹布擦掉牙膏印即可。这样就能轻松地让冰箱焕然一新了。

Part

# 5

## 还你一个
## 舒适温馨的卧室

# 卧室巧收纳

### 🏠 床头上方

我们的卧室里有一个地方，是很容易被忽略但却非常适合做收纳空间的地方，那就是我们床头上方的空间。

床头上方经常被留白不用，但如果可以安装上墙挂式的橱柜，就可以用来放置一些衣物、零散物品等重量较轻、体积较小的物品，这样一来也能增大卧室的收纳空间。

### 🏠 床头柜

大多数家庭的床前都会放置一个床头柜，既起到美观作用，同时，也能发挥很好的收纳作用。

床头柜上一般可以放置闹钟、相框、台灯、电话等常被使用到的小物件。

### 🏠 抽屉

抽屉上面的小格可以放置一些文件、信笺、手表、书籍等体积较小的物品，下面稍大点的格子因为空间较大，就可以容纳体积较大的物件，比如旅行包、较薄的被褥等。

也可以放上储物箱，装一些零散物品。

## 床下

对于自带床下收纳柜的床，只需要将东西分门别类整理干净，放入收纳柜中即可。

如果是床下有空间但不自带收纳柜的床，可以另外购买床下收纳箱来收纳东西。由于地板湿气较重，建议优先选择塑料材质的收纳盒，且要密封性好、不容易沾上灰尘。透明的收纳盒，更方便整理。当然，购买前应量好床下空间的尺寸，以免不匹配。

## 床尾

如果卧室的空间较大，且在床尾留出了一定的空间，为了贯彻"空间巧利用"的大准则，应该将其好好利用起来。

在床尾放置床凳，再在床凳下放置收纳柜，可以收纳衣物、薄被、书籍等物品，节省出衣柜里的空间以放置更多物品。

## 🏠 教你正确叠放衣服

### 线衫无痕折叠法

　　线衫的折叠主要是按照衣服本身原有的折线折叠，这样不容易产生折痕，不影响美观，随时取出都可以穿。

① 将线衫衣服的扣子扣上，再背朝上铺平放置。

② 袖子按照袖底的折线，折到背上。

③ 衣服两边向背中线折入。

④ 由下而上将衣服折起来（见图）。

### 连帽衫无皱折叠法

　　折叠连帽衫时，应尽量避免连帽衫产生褶皱，否则就起不到效果。因此，要将兜帽向里折叠，再向前折叠。

① 将拉链拉好，将兜帽在中间合并到一起平放。

② 根据所需要的宽度折侧面部分，再将袖子折回。

③ 将另一侧按照同样的方法折叠。

④ 将衣服由下而上折叠，直至最终完成，放入衣柜即可（见图）。

## T恤衫巧折叠

将 T 恤衫紧密叠起时，要避免褶皱，衣领的周围不要有折痕。

把衣物向后折叠，根据放置场所的大小，决定最终的宽度。将两端折叠，再对折 1 次或 2 次都可以。

### 折叠法

**①** 把T恤摊平，拉直，领口的一面朝上放。

**②** 依照存放的抽屉宽度，把袖子往内折，然后将袖子整理好（见图）。

**③** 将下摆向上折1/4，然后再对折就完成了。

### 卷折法

**①** 把T恤衫背朝上摊平。把袖子往内折，整理好。

**②** 由下摆开始，向上卷着折叠好。

**③** 由下摆开始往上卷至领口即可（见图）。

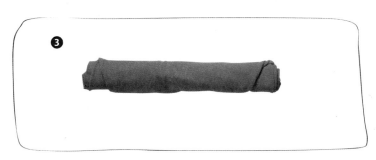

## 衬衫防皱折叠法

如果确定了摆放的位置，就可以根据位置的大小确定衬纸的尺寸。

重叠放置的时候，在领口放入衬垫物，可将上下两件衬衫交错放置，保持厚度一致，收藏量也会增加。

① 扣上第1个、第2个纽扣。按住领口，把前襟的扣子弄整齐。

② 扯平后身和袖子的褶皱，在衣领下方中间放置厚纸板做成的衬纸。

③ 根据衬纸宽度，将衣服向后折，再将袖子折叠，使左右相同。

④ 将衬衣根据衬纸的长度对折。

⑤ 取出衬纸，而后在领口处放入填充物即可（见图）。

❺

## 毛衣多折法

一定要在平整的地方叠毛衣。根据毛衣摆放的位置，调整毛衣的宽度，还要控制毛衣叠好后的厚度，防止产生褶皱。

① 后身向上，两个袖子向内，袖子保持同一水平。

② 将毛衣两侧向后身折叠。袖子要将距下摆较近的部位向上折1次。

③ 再折1次就完成了，结合收纳需求调整次数。

## 内裤叠放法

内裤是我们的贴身衣物，要注意不要弄脏、弄皱，以免影响穿着。内裤的叠放要有一定的讲究，使用正确的方法，就能使衣物保持整齐、洁净。

**1** 将内裤放平，正面朝上，再将两侧向内折叠。

**2** 折至宽度与上下部一样，再把内裤下部向上折叠到对半程度。

**3** 将折上去的部分插入内裤入口处。

## 文胸对折法

由于特定的外观，文胸在折叠的时候也非常讲究方法。

将左右罩杯重叠，用肩带系住。朝同一个方向并列放置，不仅会增加收藏量，而且容易取出。跟着具体步骤学一下吧。

**1** 解开文胸的挂扣，正面向下，将两侧罩杯旁的挂钩部分重叠在一起。

**2** 将文胸从中间对折，将右罩杯嵌入左罩杯中，肩带悬挂在手背上。

**3** 将手背上的肩带顺势套在罩杯上（见图）。

**4** 折好后的文胸大小基本保持一致，朝同一方向放置，可节省空间，排列整齐。

## 床单、枕套叠放法

　　床单、枕套在晾晒后，应先将床单折叠好，再将枕套对折夹在床单里，之后一起放到抽屉里，这样可以保持床单的平整，而且便于更换。

①　先将床单对齐四角拉直，铺平。

②　将床单按照抽屉的大小折叠成四方形即可。

## 袜子叠放法

　　别小看这双小小的袜子，它的叠放方法也是很有讲究的。凑齐左右两只袜子，再用如下的方法折叠就可以了。

①　将两只袜子整平，左右重叠，再扯平褶皱。

②　使脚尖的中间和脚跟的高度一致对叠。

③　袜口处再折1次。

④　翻开袜口包住袜子（见图）。

## 领带叠放法

　　领带是男人着西装时很重要的门面，是显示身份的标志，也是彰显气质的表现，因此不能随意折叠，叠放时更要注意方法，以免起褶皱而影响穿着效果。

①　将领带平放，正面朝下，对折1次。

② 从任意方向将领带松松地卷起，卷成圆筒形。

③ 将叠好的领带竖立起来放置即可（见图）。

## 连衣裙叠放法

由于连衣裙的裙摆与腰身宽度不一致，在折叠时要多根据连衣裙自身设计的特点来折叠，才能避免出现褶皱而影响穿着效果。

① 以腰宽为参考宽度，将肩带和裙摆两侧向内侧折叠。

② 从下摆开始，向上折1次或2次。

③ 将连衣裙折成四方形即可。

## 短裙折叠法

短裙的折叠比较简单，只要注意根据接缝叠短裙，并在折线处放入缓冲物，避免产生褶皱即可。

①  拉上拉链，扣上纽扣，正面朝上摊开放置，扯平褶皱。

②  将正面作为内侧，从臀线的中间开始对折过来。

③  下裆突出部分向内侧折叠，将整个短裙整理成梯形。

④  用保鲜膜的芯压在中间位置，不易产生折痕。

⑤  依照保鲜膜芯的位置，再对折。

## 裤子折叠法

西裤最理想的叠放方式是，用带有夹子的衣架，或者是用普通衣架两端夹上两个小夹子，用以夹住裤脚，再将西裤倒挂起来即可。

①  可以两条西裤为一组，分别按照中线和裤线做交错折叠，将其中一条平铺在另一条裤长1/3处。

②  将未交叠的部位向中间折叠起来，这样可以避免西裤由于滑散而产生褶皱。

## 教你正确收纳衣服

### 衬衫的收存方法

如果把烫好的衬衫或 T 恤叠放在一起，会把领子压变形。

下面介绍保持领子不变形的收存方法。一种方法是准备好透明或者半透明的密封盒子，一个盒子装一件衬衫，然后把盒子叠放在衣柜里，这样就能保持衬衫不变形。

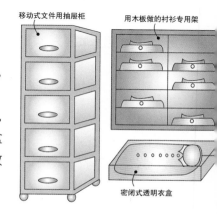

移动式文件用抽屉柜　　　用木板做的衬衫专用架

密闭式透明衣盒

　　另一种方法是在市面上购买的衬衫专用架，虽然比较占空间，但是使用起来很方便。由于可以从侧面打开，衣盒上面仍然能放东西。

　　另外，移动式文件专用抽屉也是存放衬衫的好地方，这种抽屉一般很浅，每格正好可以放一件衬衫。

　　衬衫立放的方法，是一种利用挂壁式衬衫袋收存衬衫的方法。

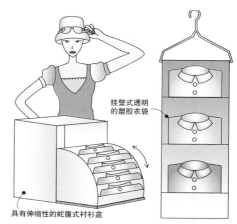

　　这种衬衫袋宽度正好适合装衬衫，高度则是领子刚好可以露出来。

挂壁式透明的塑胶衣袋

　　一个衣袋有四五个袋子最合适。这种衬衫袋不受限于收存场所，可以挂在衣柜的内侧或外侧，也可以挂在柜门内壁，不会造成活动的障碍。

具有伸缩性的蛇腹式衬衫盒

## 套装的收纳

　　套装，不管是男士的西装，还是女士的休闲套装，一般都是分为上衣和下衣，且是搭配成套的。

　　因此，在家庭收纳时，将套装放在一起收藏，既方便拿取，也节省了收藏的空间。接下来是我们为大家介绍的方法，一步一步跟着来做吧。

① 把裤子挂在衣架的横端上。

② 用手让其对齐，抚平。

③ 把套装的上衣挂在衣架上（见图）。

④ 扣好扣子，抚平衣服。

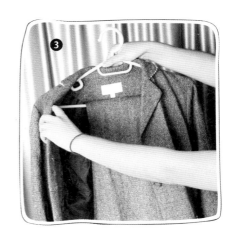

## 毛衣的收存方法

　　收存毛衣比较麻烦，叠起来较占空间，还很容易产生皱痕。那么到底应该怎样收存毛衣，使其既节省空间又不产生皱痕呢？如图我们向你推荐几种方法。

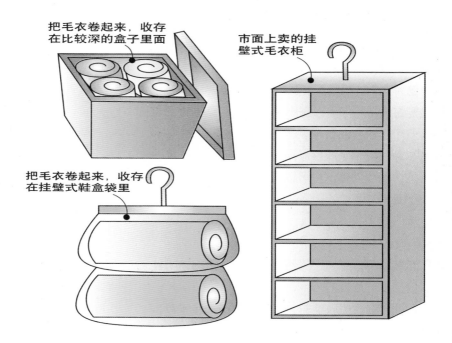

把毛衣卷起来，收存在比较深的盒子里面

市面上卖的挂壁式毛衣柜

把毛衣卷起来，收存在挂壁式鞋盒袋里

## 纯棉内衣的收纳

　　纯棉内衣两件套可以放在一起收纳。

　　将内裤折成四方形后放置在内衣中间，再将内衣折成四方形，最后再将这些内衣单独收纳，与其他衣物隔离开来即可。

## 羽绒服的收纳

　　羽绒服因为其质地特殊，需非常注重收纳，以免破坏其品质。

　　羽绒服在晾晒后，要用较宽大的衣架撑起来，或放入一些填充物后再挂在衣柜里。如果空间不够，可以适当折叠后，放在衣服堆的最上面。可放上一些防潮粉以防潮，但不要使用樟脑丸。

## 呢料大衣的收纳

呢料大衣在收纳前，要先晾晒几小时，用手轻轻拍打掉依附在上面的灰尘。再在呢料大衣上洒一些汽油，用干净的毛巾仔细擦拭一遍。

待汽油味散发完毕，再用衣架和专用衣套包好，挂在衣柜中即可。

## 大衣外套的收纳

每年一到换季的时候，那些不当季的大衣外套就要被收纳起来，以便来年继续使用。

在将大衣外套收纳起来之前，往往要先将外套都送到干洗店干洗一遍再取回，之后还要再放到干燥、通风、阴凉的地方阴干几天，这之后才能罩上塑料薄膜或专用的衣套，最后放进衣柜中收纳起来。

## 丝绸衣物的收纳

丝绸衣物轻薄，挤压后易出褶皱，建议单独存放，或放在衣物堆的最上层，与裘皮、毛料等服装隔离开。同时应分色存放，防止串色。

白色的丝绸衣物最好先用蓝色纸包好以防止变黄；花色鲜艳的丝绸衣物用深色纸包好以防止变色。此外，丝绸会因受潮而发霉，且易遭虫蛀，在收纳时可以用适量防蛀剂，以保持干燥。

## 皮衣的收纳技巧

皮衣在收纳之前，应先用干净的海绵、干毛巾等仔细擦拭一遍，再用皮革护养膏蜡轻轻涂抹，再放入衣柜。皮衣不宜折叠后收纳，应用衣架挂起后悬挂在衣柜中，且不与化学药物接触，不与其他皮件、皮物紧贴，以防粘连。为防潮、防霉，可以放少量包好的卫生球进衣柜，也可定期取出晾晒。

## 婴幼儿衣物收纳

①衣物要呼吸。衣物要放在干燥、通风的地方，最好是木制的衣柜，而且要经常打开通通风，保持衣物干燥。不要用密封袋保存幼儿衣物。

②不要放樟脑丸。樟脑对人体有害，因此衣柜内不宜放。其他不明成分的驱虫剂最好也不要采用。

③穿衣前晒一晒。如果放了几个月的衣服,穿之前最好放在通风处晒一下。

## 皮带的收纳

爱美人士的皮带往往都是数量繁多的，而由此引发的皮带收纳问题也随之而来。用下面的方法就能让你的皮带收纳有方哦。

**1** 从皮带金属头开始向内卷成卷，再用束线带将卷好的皮带固定。

**2** 用剪刀剪去多余的束线带。

**3** 将固定好的皮带整齐地排在一起，放入盒中即可。

## 帽子的收纳

　　利用衣柜门壁的空间，用来收藏帽子是再好不过的选择——既节约空间，又可以保持帽子不变形。

## 凉席、被褥的收纳

　　换季的时候，暂时有一段时间不会用到的被褥或凉席就要适当存放起来。

　　为了很好地保存凉席、被褥，挑选合适的收纳位置很重要。

　　被褥清洗干净之后，可以放在专门的被袋中，也可以放在真空袋里面。先将被褥放在洗净的真空袋内，然后将袋口封实，再用抽气筒从气嘴处将空气抽尽，最后拧紧防尘盖就大功告成了。只要真空袋不漏气，存放数月都是没问题的。

　　凉席存放前最好用盐水刷洗干净，然后放在阴凉处通风晾干，再将凉席从里侧卷起来，用纸包裹好捆紧，最后放进手提袋里面，放在阴凉通风的地方即可。

## 羊毛毯子的收纳

　　换季收起羊毛毯时，先用专用刷子将羊毛梳开，采用正面朝上往内卷的方式卷好，然后包一层白纸，以防潮。整理好的毛毯最好放在纸箱里，因为羊毛毯需要一定的含氧量，千万不要用压缩袋紧紧压缩打包。

## 衣柜顶部放置

如果你的衣柜顶部总是空置着，落上厚厚的灰尘，那就教你好好利用下。

不应季的物品总是很碍眼，要用的时候也不见得马上能见到，现在你可以将它们分类放在大小合适的箱子里，然后贴上标签，直接将它们摆放在柜子顶部，这样柜顶就被巧妙地利用起来了。

## 衣柜内侧收纳

### 收纳原则

衣柜的上、中、下层应合理分配，这样摆放衣物才不会凌乱。上层适合放一些不常用的、轻一些的物品，如备用的寝具、过季的衣物，不要把东西直接塞进去，而是放在收纳箱中，这样不仅美观，有条有理，也方便日后的拿取。中层应根据衣物的尺寸大小、放置方式合理摆放衣物。下层则适合放一些比较重的物品，如挂烫机，使用带有齿轮的收纳箱的话还便于打扫。

### 衣柜的上部空间

平时我们习惯把衣物、棉被等物品平放在衣柜里，这样很容易浪费衣柜的上部空间，如果改为垂直放置就可以把这些空间完全利用起来了。

① 在衣柜上部空间中加上隔板，可以将物品直放起来，既省空间，又方便拿取。

② 把一些物品用盒子、袋子装起来竖放进衣柜，可以省不少空间。

### 衣柜的内侧壁

比如，挂上衣服之后，空荡荡的内侧壁还闲置着，这时，你有没有萌生出将其利用起来的想法呢？操作方法很简单，只要在内侧壁加一排挂钩，或者是挂上一个挂式收纳盒，这样一来，你的围巾、腰带或零散的零部件就都有落脚的地方了。

## 衣柜的下方空间

悬挂衣服下面的空间如果还堆放衣物的话，找起来总是觉得很乱。

其实，这个地方的空间还是可以很好利用起来的，只需要灵活运用一些收纳箱来完成。可以将衣物、饰品等放进收纳箱里，这样一来，每次要取用的时候就会变得比较方便，而且想要打扫的时候，也不会摸不着头绪了。

## 衣柜门粘挂钩便于整理衣服

在衣柜门的内侧粘一个挂钩，方便整理吊挂的衣服。收纳衣服前，先将衣架挂在钩子上，把扣子扣好、拉链拉好，衣领、袖子拉平，这样衣服才不会变形。

# 清洁美化

## 卧室空气

卧室是我们重要的生活居住空间，对空气质量的要求较高。如果空气质量太低，就将严重影响我们的正常生活。想要室内空气清新，可以采用几种空气净化方法。

### 植物净化

某些类型的植物可以起到净化空气的作用，尤其像仙人掌、芦荟等，可以帮助提升空气质量，适合在卧室里养。

### 化学去除法

对于蟑螂、老鼠、螨虫等生物类污染物，可以采用杀虫剂、除霉菌剂、杀螨剂等，也可以采用如过氧乙酸、乳酸、甲醛等的化学喷雾剂来熏除，但其副作用也较大，不建议常用。

### 活性炭过滤法

活性炭是一种优良的吸附剂，含有丰富的微孔，因此其吸附量很大。市面上利用活性炭制成的香包等空气净化产品也越来越多，可以广泛用于室内空气的脱臭净化。

墙壁

## 巧除旧装饰

对于旧装饰，如果是在瓷砖墙壁、木板墙壁和油漆墙壁上，可以使用去壁纸剂，加少许清水调和，再用专用墙壁刷涂刷在旧装饰上，等去壁纸剂完全渗入之后，就可以用手剥除。较坚硬的旧装饰可以用刮刀刮除。如果再清理不干净，可以使用去渍油，同样涂刷在旧装饰上，以去除痕迹。

如果是贴了壁纸或刷了乳胶漆的墙壁，可以用专业墙壁刷蘸水后刷在旧装饰上，待水渍渗透，再用手剥离或用刮刀刮除，无法去除的部分可以用吹风机吹干，因为阴湿的旧装饰会在遇热后膨胀，那时便可将其轻松去除。

## 巧除污垢、压痕

如果是装饰物留下的压痕，可以喷上适量清洁剂，待湿润后用抹布包住刷子来刷墙面，也可以先用橡皮擦轻轻擦去痕迹，再用砂纸轻轻打磨一下。

如果是贴了纸质或布质墙纸的墙壁污垢，小面积污垢可以用橡皮擦去除，大面积污垢则要喷洒酒精，再用略湿的抹布擦拭，但千万不能用水洗。如果是贴了塑胶墙纸的墙壁，可以使用清洁剂喷洒，再用略湿的抹布擦拭即可。

## 涂鸦的清除

很多有小孩的家庭中都会有类似的烦恼，就是小朋友喜欢在墙上留下各种各样的涂鸦"作品"，彩笔、蜡笔留下的印记虽然并不容易去除，但是通过以下方法还是能够把墙壁上的涂鸦处理干净的。

①用橡皮擦拭墙面涂鸦。

②用抹布蘸上少许酒精或肥皂水，擦拭墙壁的涂鸦。

③用干净的抹布蘸上适量的面霜，能够巧妙去除墙面的蜡笔印记。

④如果是瓷砖墙面的蜡笔印记，可以用吹风机将涂鸦印记吹干，再用报纸擦掉，然后用干净的抹布擦拭一遍，涂鸦痕迹就能够被处理掉。

## 指痕的清除

有时候在墙壁上经常会发现我们不经意留下的指痕，那一块黑黑的指痕甚是难看，但如果为了这一点点指痕而重新粉刷墙面又是没有必要的。

　　事实上，只需要用橡皮擦朝着同一个方向，以画圈的方式擦拭，墙面就自然而然地会变得干净。

　　此外，对于墙面上留下的一些不明污渍，用砂纸、旧毛袜也是可以擦拭的。

## 残胶的处理

　　家庭中的墙壁一般都会贴上挂钩，用来挂一些装饰品、钥匙甚至是衣物，但是有时候可能会因为使用时间太长而使挂钩掉落，并且墙面上留下来的残胶也让人心烦。以下处理方法能够起到一定的作用。

　　①用吹风机的热风将残胶吹软，然后再将软化的胶皮慢慢地撕下来即可。

　　②将适量的白醋倒在纸巾上，再将沾湿的纸巾贴在残胶痕处，静待 5 分钟之后，用抹布擦拭软化的胶痕，这样胶痕就会被擦拭干净。

　　③使用热毛巾热敷有残留胶的地方，胶皮被软化的时候再慢慢撕掉或擦拭，这个方法既能够把墙面的残胶清除干净，也不会损伤到墙面。

地毯

## 除樟脑味

　　为了使卧室地毯防潮、防蛀，收纳时，很多人会选择适当放点樟脑丸，以达到防虫、防蛀的效果，但这样做之后，一旦将地毯重新拿出来使用，就会散发出一种十分难闻的气味。

　　其实只要在使用前在地毯上均匀地撒上芥末粉，放置几天等到气味散去，再用吸尘器吸掉芥末粉，这样就可将地毯上的樟脑味去除了。

## 除螨小方法

　　先用浸过肥皂水的抹布或扫帚在地毯上清扫，并且在清扫过程中，抹布或扫帚应不时放入肥皂水里浸润一下，以免灰尘扬起。清扫两遍之后，将适量食盐撒在地毯上，可以利用食盐来吸附灰尘，使地毯具有光泽。

## 各种污垢的清理

当卧室地毯不小心沾上了茶水、咖啡、酱油、啤酒等液体时，不用担心，可以采用专用的地毯清洗液、硼砂液或洗涤液等，用一把干净的毛刷，蘸上适量清洗液，在地毯上反复刷洗，最后用清水洗净即可。

清洗地毯时最好不要用热水，以免地毯里含有的蛋白质成分受热凝固，从而增加清洗的难度。

卧室地毯上依附的陈年污垢在清除的时候要多费点工夫。

先用清水洒在污垢周围 20 厘米处，再喷上专用的地毯洗涤剂，静置片刻，再用鞋拔子慢慢刮除，这样可以除去大部分污垢。之后，再用毛巾蘸上适量洗涤剂，并轻轻反复擦拭，使污垢慢慢溶解，再用湿毛巾擦去污垢和洗涤剂，等晾干后，用尼龙刷梳理一遍地毯即可。

卧室地毯一旦粘上糖果、口香糖等带有黏性的东西，如果不采取紧急措施，将很难清理掉，即使清理掉，也会在地毯上留下难看的痕迹。

要想去除糖果，就要在最短时间内，用装了冰块的塑料袋覆盖在糖果上，静置约 30 秒，当用手能感觉到糖果与地毯的连接不是很紧密了，即可取下塑料袋，用刷子一刷，或用手将糖果去除。

# 地板

## 木质地板的清洁

　　木质地板较怕水，清洁时要先用吸尘器去尘，再用半干的抹布或拖把擦洗干净。

　　如果地板上有油渍或者果汁留下的痕迹，用抹布蘸上淘米水拧干再涂抹，就能除去污渍。同时，还要定期给木质地板上蜡进行保养，能延长地板的使用寿命。

## 瓷砖地板的清洁

　　瓷砖地板清洁起来相对容易，日常清洁可以用海绵块蘸上洗洁精或者肥皂，再加上一点松节油的混合液来清洗，可使瓷砖恢复光洁明亮。

瓷砖的缝隙比较难清理，可用小刷子刷干净后，用毛笔涂一层防水剂。如果不小心让瓷砖多了几条划痕，涂上牙膏用干布擦拭，便可以恢复原样。

## 地上头发巧清理

在打扫地板的过程中，最烦人的就是遇到头发全部粘在扫把上的情况，尤其是家里有女性的，长发易脱落，更会比较多地粘在扫把上。

①可以选择把一个垃圾袋绑在扫把上，这样一来，扫地的时候，头发就会因为静电的作用，而乖乖地吸附到塑料袋上，最后扫成一撮，既容易清理，又能够保持扫把的干净。

②此外，用吸尘器吸除客厅地板上的头发也是一个比较不错的方法，也可以用滚轮拖把粘除头发，让你的地板没有一丝头发，光亮洁净。

# 用品、衣物的清洗

## 🏠 羽绒被

　　羽绒被最好用手洗，且要水洗，不能干洗。因为干洗的药水容易影响羽绒被的保暖性，使布料老化，而用机洗容易因为绞拧而导致填充物厚薄不均。

　　将羽绒被放入冷水中浸泡 20 分钟，充分湿润，再放入加了洗涤剂的 30℃温水中浸泡 10 ～ 20 分钟，用软刷洗净之后，将羽绒被漂洗 2 次，再在温水中放入 2 小汤匙食醋，能够中和羽绒服或羽绒被内残存的洗涤液。

　　需注意的是，羽绒被洗后不能拧干，只能自然风干。一般 1 年清洗 1 次即可。

## 🏠 枕套

　　枕头是我们睡觉时不可或缺的用品，因为长期与头发接触，枕套上很容易残留汗渍、油渍，如果长时间不清洗，就会变色、变味，又因为长时间受到挤压而容易变形。

　　使用一般的清洗方法可能很难将枕套上长期积累的汗渍、油渍洗净，所以，可以先用适量洗发水涂抹在枕套的油渍、汗渍处，用手轻轻揉搓后，再将枕套放到加了洗衣粉的水中浸泡搓洗，再漂洗干净即可。

## 🏠 枕芯

**羽绒枕芯**

　　这类枕芯质轻、透气、蓬松度好，不易变形，不宜机洗。清洗时，先将枕芯放入冷水中浸泡 20 分钟，再放到 30℃温水中，加适量中性洗涤剂和 4 匙白醋浸泡 15 分钟，再用软毛刷刷洗干净即可。

**化纤枕芯**

这类枕头的透气性较差，用久易变形、结块，除了勤清洗，每年至少更换1 次。清洗时选用温和的洗涤剂，如果是机洗，包上一块大毛巾以均衡水流，可防止变形。一定要多漂洗几次，洗后要尽快烘干，有助于枕头恢复弹性。

## 床单

床单建议每半个月清洗 1 次。如果是绒面的床单，可采取干洗，以防掉绒。

先将床单拆卸出来，放入冷水或温水中浸泡片刻，然后放入加了苏打水的洗涤剂溶液中浸泡 20 分钟，再捞出来放入洗衣机里漂洗干净。为防褪色，不建议用热水浸泡。

## 凉席

用蘸了稀醋酸的抹布或毛巾，将凉席正反两面擦拭干净，再换上湿抹布擦2 遍去除酸性液体，使凉席光洁，也可以避免凉席泛黄。

用干抹布或毛巾蘸上清洗液，将发了霉的凉席正反两面擦拭干净，可以消除霉渍。

用棉花棒蘸上双氧水，将凉席正反两面擦拭干净，可以改善凉席上的黄色痕迹。

把粗盐撒到凉席上，拍打使污垢与粗盐混合，再用吸尘器吸走，可有效去除粉状污渍。

## 床垫

床单是保护床垫很重要的物品，在床垫上铺上一层床单，可以防止污垢直接玷污床垫或渗入床垫内层。

如果床垫上沾了污垢，可以用肥皂轻轻涂抹污渍，再用略湿的软布按压，吸走污渍，再用吹风机将浸湿的部位吹干，以免产生异味。床垫要定期用吸尘器或者略湿的抹布清理一遍，以赶走残留在床垫上的皮屑、毛发等垃圾。

 窗帘

### 天鹅绒窗帘

把窗帘拆下来后浸泡在中性或碱性清洁剂中，也可以加适量食盐，用手轻轻按压，除去污渍，洗净后不要绞拧，放在斜式架子上，使水分自动滴干即可。

### 静电植绒布窗帘

这种窗帘切不可泡在水中揉洗或刷洗，只需用棉纱头蘸上少量酒精或汽油轻轻擦拭即可。如果绒布过湿，千万不要用力拧绞，以免绒毛掉落，影响美观，可用手轻轻压去水分，再让其自然晾干，即可保持植绒原来的面目。

### 帆布或麻制的窗帘

用海绵蘸些温水或肥皂溶液或氨水溶液进行擦抹，再拿到阴凉处晾干后，卷起来即可。

### 滚轴窗帘

将窗帘拉下，用湿布擦洗。滚轴部分通常是中空的，可以用一根细棍，一端系着绒毛伸进去不停地转动，可简单除去灰尘。

### 软百叶窗帘

在清洗前首先要把窗帘全部关好，在窗叶上喷洒适量清水或擦光剂，用抹布擦干，即可较长时间使之保持清洁光亮。窗帘的拉绳处，可用一把柔软的鬃毛刷轻轻擦拭。如果窗帘较脏，则可用抹布蘸少许氨水溶液擦拭干净即可。

## 🏠 贴身衣物

内裤是我们穿在里面的贴身衣物，是穿上身的第一层衣物。

由于内裤是直接接触皮肤的，因此更注重清洁性，更需要勤洗、勤换，对保持自我清洁也有益处。

由于内裤含有水溶性的蛋白质，而蛋白质一旦遇热就会变质，发生凝固成为变性蛋白，且不易溶于水，从而增加清洗的难度。因此，清洗内裤最好用冷水，而不用热水。

内裤一般较小，手洗时建议用拇指与食指捏紧，细密地揉搓，才能使内裤清洗干净。

清洗内裤时，除了洗掉污垢，更重要的是对内裤起到消毒的作用。先在盆里倒入适量清水，再倒入适量的小苏打粉末和洗衣粉，搅拌均匀，使粉末与水均匀地溶合。再放入内裤，先浸泡片刻，待浸润后，再用手轻轻搓洗，之后漂洗干净即可。

为了将内裤彻底清洗干净，清洗过程中可以将内裤反复多洗几次。

## 🏠 婴幼儿衣物

衣物上的污渍要尽快洗，只要是刚沾上的污渍，尽快洗通常比较容易洗掉；内外衣分开洗，外衣通常脏一些，而内衣对清洁、卫生的要求更高；深色与浅色分开洗，以免染色；不与成人衣物混洗，因为成人的衣物上沾有更多病菌。儿童衣物尽量用手洗、选择专用洗涤剂。

## 🏠 毛巾

毛巾使用久了就会变硬、变黏，可以定期将毛巾放在碱水（1.5 升水加30 克纯碱）中，煮 15 分钟，然后再捞出毛巾，彻底冲洗干净即可。

如果毛巾变得黏糊糊的，是因为毛巾表面附着了大量汗液等分泌物，可以将毛巾放在浓盐水中煮或烫洗，然后捞出，放入清水中彻底冲洗干净，再晾干后，毛巾就能恢复原样了。

# 帽子

因为帽子在清洗时很容易变形，且不容易清洁干净，所以帽子洗涤起来不是那么简单。可以尝试下面的清洁方法。

① 准备一盆温水，加入适量的苏打粉。

② 将帽子放入清水中浸泡约10分钟。

③ 用一把软毛刷轻轻刷洗帽子上的脏污之处。

④ 用清水刷洗干净后，再用两个夹子夹住帽子的边沿，悬挂起来晾干即可。

# 围巾

围巾和衣服一样，也分不同的质地，所以在清洗前一定要看清楚洗涤要求，根据不同的质地选择不同的清洗方法。

为了不影响围巾的保暖性，在清洗的时候，最好使用中性洗衣粉或者肥皂进行洗涤，且不能用沸水冲泡，也不能用力搓揉。此外，还可以加点食盐，使围巾洗得更干净。

# 领带

领带不适合机洗。如果不小心弄脏了领带，可以用纸巾或手帕按在污渍上，切不可抹、擦，以免扩大污渍的痕迹，之后再用湿毛巾轻轻擦拭，最后用吹风机吹干即可。

注意吹风机不能太接近领带，以免温度过高而损坏了面料。

## 手套

冬天戴手套可以保暖，但长期接触脏物，也会使手套变脏，因此要记得定期清洗，以免细菌污染手指。

清洗时可以直接将手套戴在手上，放入水中浸湿后，蹭一些增白皂，再像洗手一样搓洗手套的内外两面，之后脱下来放入清水中漂洗干净即可。

## 鞋带

鞋带在鞋子上待的时间久了，也会因为长时间接触脏污而变黑，尤其是白色鞋带，如果不经常清洗，变色后的鞋带就将很难再回到原本的颜色。

① 在洗衣粉中加入一点小苏打粉，再与清水混匀。

② 放入鞋带浸泡20分钟。

③ 简单用手搓洗一下即可。

## 化妆包

试想一下，当很多人同时站在化妆间的镜子前补妆的时候，唯独你拿出来一个脏兮兮的化妆包，这样的画面，光是想想就已经觉得无比尴尬了吧。

① 将少量洗衣粉溶解成洗涤液，再倒入适量醋。

② 将化妆包放进洗涤液中，先浸泡一下，可以利用醋来起到杀菌的作用。

③ 浸泡5分钟后，用牙刷轻刷化妆包的表面，尤其是有顽固污渍的地方。

④ 用清水清洗干净晾干即可。

## 🏠 宝宝玩具

大型的绒毛玩具，如果用洗衣机洗，有些暗藏污垢或比较难处理的污垢总是不能得到彻底的清洗，而若用手洗又是一个很大的工程量。可以先用刷子将娃娃身上的污垢做初步的清理，再放入洗衣袋，之后再放进洗衣机里清洗。

## 🏠 不同布料衣物的清洗

### 皮革衣物

皮革类衣物不能直接用水洗，如果是经常穿的，可以用细绒布轻轻擦拭，去掉皮革表面的污垢。

如果衣物有受潮或霉变现象，可以用软干布擦拭，但不要沾水或汽油，之后最好再涂上一层石蜡，用软布擦拭均匀即可。

### 羊毛织物

多数羊毛织物都应该采用干洗的方法，并且在干洗之前，要预先处理好污渍斑迹。

洗涤时，要先将羊毛织物的内面向外翻，这样就可以避免织物表面的纤维散落。

羊毛织物适合用高级丝毛防缩洗涤剂或柔和型不含漂白剂的洗涤剂进行洗涤，有助于保证织物不变形。如果要使羊毛织物的外形保存完好，可以手洗羊毛织物，但应使用温水，水温最高不超过 40℃。

先用温水漂洗，再用冷水漂洗，最后用 0.3% 的醋酸液进行过酸处理。应该等洗涤剂充分溶解在水里再放入衣物，浸泡约 5 分钟，再慢慢挤压衣物，但不要揉搓，以使液体完全透出。

要拧干时，可以将羊毛织物轻轻拧干，但不可以绞拧；或者直接用机器烘干，但注意时间不宜过长。

## 丝绸衣物

丝绸衣物进行洗涤前，先将洗涤剂倒入适量热水中溶化，待溶液冷却后，再将衣服放入，稍浸泡后，再用手轻轻揉洗，最好用清水漂洗干净。

在清水里放一点白糖，待搅匀化开后，放入已经洗净的丝绸衣物浸泡一段时间，之后再轻柔清洗一下，这样可以使丝绸衣物保持鲜艳的光泽。

丝绸衣物清洗干净后，最好不要用力绞拧，也不要放在阳光下暴晒，而应置于阴凉、干燥的地方进行自然风干。在这之中，由于印花丝绸衣物容易褪色，所以不适合用水来清洗，最好的方法是采取干洗。

## 呢料衣物

将洗衣粉入水溶匀后放入呢料衣物浸泡 20 分钟后取出，卷成长卷，放入甩干桶中甩干后取出，再浸泡 5 分钟后反卷成长卷，放入甩干桶中甩干。上述动作重复多次，可以去除污垢，再将呢料衣物浸泡、甩干即可。

如果呢料衣物上有亮光，可用毛巾浸透 1:1 的水溶醋湿敷一会儿，略干后再湿敷一次，再垫上干净的白色软布进行熨烫，即可恢复洁净质地。

## 棉质衣物

将棉质衣物放在 2% 的草酸溶液中，水温控制在 50℃左右，浸泡约 3 分钟，揉搓几下以去除衣物上的污垢，再将衣物漂洗干净。

如果棉质衣物沾染了污垢，可将几片维生素 C 片碾碎，撒在浸湿了的污垢处，搓洗干净即可。

## 人造毛皮衣物

先用毛刷梳理皮毛，尽量将附着的异物清理掉。接着用湿布拧八成干，轻轻擦拭毛皮表面，擦掉污渍。

再用棉签蘸上洗衣液，反复涂抹脏污的地方，之后放置几分钟。

最后用吸水性强的海绵或者毛巾吸走大部分水分，再放在通风处晾干即可。

## 羽绒服

如果羽绒服沾染污垢的程度不是特别严重，可以不用水洗，而用一块软布蘸上中性洗涤剂，进行局部清洗，最好再蘸一点清水，在弄脏的部位轻轻擦拭，之后拿到阴凉处晾干即可。

羽绒服内部的填充物最忌水洗，因此如非必要，要尽量避免用水洗，即使是用水洗，也要非常注意方法。

## 西装

由于西装的面料与衬里所采用的制作材料不同，经水洗后的收缩程度也不同，如果用水洗，不但容易起皱，还容易破坏衣料表面的光泽。

因此，西装最好选择干洗，而非水洗。

# 🏠 其他小妙招

## 防止衣服褪色

直接用染料染制的条格布或标准布，一般颜色的附着力较差，因此洗涤前要先放入加了盐的水中浸泡 10~15 分钟再洗，以减少褪色。

### 硫化染料染制的蓝布

一般颜色的附着力较强，但耐磨性较差，因此洗涤前要先放入洗涤剂中浸泡约 15 分钟，用手轻轻搓洗后再漂洗干净，以防止褪色。

**氧化燃料染制的青布**

一般染色比较牢固且有光泽，但一遇到煤气等还原气体，衣服会容易泛绿，因此只要避免将青布放在炉边烘烤，即可防止褪色。

**士林染料染制的各种色布**

一般染色较坚固，但因颜色是附着在棉纱表面的，一旦棉纱的白色部分露出来，就很容易造成褪色、泛白等。因此穿这类色布时千万要防止摩擦。

**牛仔裤巧洗不褪色**

牛仔裤在清洗之后很容易掉色，但只要在第一次清洗前，将牛仔裤浸泡在浓度较大的盐水中 1 小时，再捞出放入洗衣机洗，就不容易出现掉色现象。

如果用以上方法操作后还会轻微掉色，那么在以后每次清洗前，都要先放在盐水中浸泡片刻，以防止继续掉色。

## 泛黄衣物洗白

有些衣物穿得时间久了，难免会有泛黄迹象，尤其是白色衣物。可以用柠檬水来将衣物洗白。

取一个柠檬切成厚度均匀的片，再放入盛好清水的锅中，大火烧开后改小火稍煮片刻后出锅，稍凉，再放入泛黄衣物，浸泡约 15 分钟后捞出，用传统方法清洗，即可使衣物变白。

## 衣领、衣袖污垢清洗

先将领口、腋下部位用温水浸润，再撒上一些盐，涂抹均匀，再用水漂洗干净，这样一来，就可以轻松吸走脏污。

袖口、领口的污垢可以用洗发水来清洗，因为洗发水对皮脂污垢有较强的去污效果，只要用刷子蘸上适量洗发水，轻轻刷洗干净即可。

为了去除衣领、衣袖的污垢，可以先将衬衫放入清水中浸湿，再用软刷蘸上牙膏，均匀涂抹在衣领和衣袖处，用牙刷轻轻刷洗这些部位，再用清水漂洗干净，最后用肥皂仔细洗涤干净即可。

## 🏠 衣服常见污渍的清洗方法

| 污渍 | 清洗方法 |
|---|---|
| 墨迹 | 先用清水加洗衣粉浸泡衣物。加入米饭粒一起揉搓，用纱布或脱脂棉将其洗除。如有残渍，用氨水进行漂洗，然后再用清水冲洗干净即可 |
| 口红印 | 用一把干净小刷蘸上适量汽油，在口红印处轻轻刷擦，待口红渍清除干净后，再放到加了洗涤剂的温水中漂洗干净 |
| 锈迹 | 用清水浸湿衣服，再将3～4粒维生素C片捣碎成粉末，撒在已经浸湿的锈渍处，轻轻揉搓至锈渍褪去，再将衣物漂洗干净即可 |
| 草渍 | 在清水中混入适量盐，再搅拌均匀后，放入待洗的衣物浸泡15分钟，在这过程中轻轻搓揉有草渍的部位，最后再捞出衣物，将衣物漂洗干净即可 |
| 泥渍 | 粘上了泥土的衣服，清洗之前先用力将衣服抖一抖，抖落泥土之后，再把衣服泡进水里，清洗的时候用肥皂将泥渍部位多搓洗几遍即可 |
| 油漆渍 | 刚沾上油漆的衣物先用煤油反复涂擦，再用适量稀醋酸轻轻涂擦，最后用清水漂洗干净即可。如果是沾染时间较久的油漆渍，可以先滴上几滴酒精，再放入温水中用肥皂漂洗，即可去除 |
| 汗渍 | 将衣物放入淘米水中轻轻搓洗，再用清水漂洗，即可去除汗渍。或者是将衣物放入浓度为3%～5%的冷盐水中，先搓洗几下，再浸泡半天后取出衣物，用肥皂水清洗干净即可 |
| 血渍 | 血渍一定要冷水清洗，因为血中含有蛋白质，遇热就会凝固，所以用热水洗反而不易使血渍溶解。可以用硫黄皂搓洗血渍部位 |

（续表）

| | |
|---|---|
| 奶渍 | 刚沾上的奶渍应该立即用冷水洗；陈旧的奶渍应先用洗涤剂洗后再用 1:4 的淡氨水洗。如果是丝绸料，则用四氯化碳揉搓污渍处，然后用热水漂洗 |
| 巧克力渍 | 先用硬卡片将掉落的巧克力轻轻刮掉，再抖掉衣服上的巧克力碎屑，然后用毛巾或海绵蘸上适量清水，将衣服的污渍处浸湿，再涂抹适量清洁剂，用力揉搓，直至将巧克力污渍清除 |
| 口香糖 | 先用生鸡蛋清涂抹在被口香糖黏着的地方，再用手轻轻搓揉，以去除衣物表面上的黏胶，待黏胶变松散，便将表面的残余粒点逐一擦去，再将衣物放入洗涤剂溶液中洗涤，经过漂洗即可 |
| 茶渍 | 刚刚沾上茶渍的衣服，用 70 ~ 80℃的热水进行搓洗，就可以将茶渍清除。如果茶渍残留了一段时间，应该先将衣服放入浓度较高的盐水中浸泡，再用清水漂洗干净，即可去除茶渍 |
| 咖啡渍 | 普通衣物沾上咖啡渍，应先用热水淋湿污渍，再放入肥皂水中清洗；如果用热水无法清洗干净，则用 3% 的双氧水擦拭，再用清水漂洗干净 |
| 番茄酱渍 | 在水中滴入适量甘油，将衣服污渍处浸湿半小时，先用毛刷轻轻刷洗，再用肥皂搓洗干净，最后用清水冲洗干净即可 |
| 酱油渍 | 如果衣物上的酱油沾染了较长时间，可以用洗洁精或 2% 的硼砂水溶液轻轻搓洗，能有效去除酱油渍 |
| 油渍 | 衣服被食用油玷污后，挤一点牙膏涂于污渍处，用一把废旧的小毛刷轻轻擦拭几次，再用肥皂稍稍搓洗即可除掉油渍，最后用清水冲洗干净即可 |

# 用品、衣物的晾晒

## 🏠 床单、被罩、窗帘

　　床单、被罩、窗帘等，都属于大件的衣物，在晾晒时，由于体积较大，占用空间较大，因此特别需要讲究晾晒的方法，以免因方法错误而导致晾晒不干净。

　　以床单为例，采用下面的方法，一步一步来，就能使床单很快晾晒干净。

**1**　从洗衣机里将床单取出，将其对折。

**2**　将床单挂到衣架上。

**3**　取三四个衣架，有间隔地挂住床单。

**4**　使几个衣架均匀分布，再挂到晾衣竿上即可（见图）。

**小贴士**

　　被套因为单薄，放入洗衣机洗后经常会出现褶皱，在晾晒时除了用力甩几下以去掉褶皱，还可以借助外力来达到目的。

　　在被套的四个角分别放入一个干净网球，或者具有一定重量的球状物。这样做的目的是为了使被套呈现向下坠拉的效果，从而起到拉伸被套的作用，最终能有效去褶皱。

## 贴身衣物

　　女性内衣能保持女性良好的胸型，在晾晒时应注意的是防止变形，以免影响穿着效果。

　　女性内衣清洗干净一定要马上晾干，不能搁着，以免长久处在湿润的状态下，会产生皱褶或者褪色。

　　将女性内衣清洗干净后，先用毛巾将罩杯绵软地方的水分吸走，再轻轻甩几下，拉平，尽量把皱纹弄平。千万不要用衣架来晾晒女性内衣，更不能用肩带挂着，以免因残留在内衣中的水分过多而使肩带拉长、变形。

　　要取罩杯与罩杯中间的点，用小夹子将内衣直接夹在晾衣绳上，或者夹住内衣没有弹性的地方，倒挂起来。这样可以保证内衣经过晾晒后依旧保持最初的形状。

　　注意一定要将内衣晒在阴凉的地方，避免太阳光直射，以免内衣变黄、褪色或者布料弱化；但也不能放在太暖和的地方，比如室内有暖气，会造成内衣的布料变黄。

## 衬衫

衬衫对衣服平整性的要求很高，在晾晒前更应注意打理好。

晾晒衬衫时，一定要注意将两侧侧线、前襟、袖子侧线、后背、袖口、领口等部位全部拉平、去皱。要想使衬衫晾干后更加平整，可以用手拉平衬衫的领子、袖子和衣服下方的部位，再适当喷上一点水，拿去晾干即可。

如果想让衬衫晾晒得更平整，没有褶皱，可以事先在衣架上先卷上一层毛巾或薄浴巾，之后再把衬衫挂到衣架上晾晒起来，就能保持衬衫肩部的笔挺，而不容易变形了。

## 牛仔裤

牛仔裤的质地较厚重，经过水洗后显得特别重实，既很难用手拧干，又怕晒得不好令牛仔裤变形。要想让牛仔裤快速晾干，又不会导致变形，就应该采取一定的方法。应该将牛仔裤放到阴凉、通风的地方晾，这样有利于空气流通，水分蒸发得快，自然就干得快。

将牛仔裤翻面，用晒袜子、手帕等所用的小衣架将牛仔裤吊起；将裤管保持笔挺圆筒状，不能有褶皱、变形，再放到阴凉通风处晾干。

## 婴幼儿衣物

　　婴幼儿衣物宜放在阳光下晾晒，虽然阳光照射可能缩短衣物使用寿命，但能杀菌消毒。孩子长得很快，也不需要衣服长久耐用。

## 宝宝玩具

　　绒毛娃娃或者塑胶玩具在清洗后，需要放在阳光下晾晒，才能很好地灭除细菌，然而孩子的玩具各式各样，晾晒时很难夹稳或放置好，其实只要将玩具放在洗衣袋里，晾晒时将洗衣袋夹好就行啦！

## 不同布料衣物

### 棉质衣物

　　棉质衣物要晾晒之前，先要放入洗衣机中漂洗干净，并脱水，再拿到阴凉通风处晾晒。

1　晾晒时要将衣物翻面，使反面朝外。

2　尽量拉平衣物，以免起皱。

3　在晾晒至八成干时就取下。

4　将八成干的衣物稍整理，压平，以免变形。

⑤ 拿去晾至干透后取下，折叠好即可。

## 丝质衣物

丝质衣物因为容易变形，最好是用手洗，因此不能绞拧，也不宜脱水，以免破坏了衣物的形状和质感。与此同时还要注意，丝质衣物不宜放到阳光下去暴晒，否则易脆化变黄。

用干毛巾将清洗后的衣物包裹住，轻轻按压出水分；再将衣物翻转；将衣物挂到阴凉、通风的地方晾干，即可。

## 羊毛衫

羊毛衫如果没有脱水就直接拿去晾晒，是很容易变形的，但羊毛衫又不能直接脱水，到底该怎么办呢？

先用干毛巾包裹好羊毛衫，轻轻按压，挤出部分水分，然后摊开，放到阴凉通风处晾干。当晾至半干时，将羊毛衫取下平放，盖上一块湿布，再用300~500瓦的电熨斗熨烫打理好，再拿去晾至全干，即可保持羊毛衫平整如新。

## 皮衣

皮衣价格昂贵，与此对应的是，其晾晒的方法也是需要特别注意的，以免一不小心就损坏了衣物。

皮衣只能在通风、阴凉、干燥的地方晾晒，不可以放在阳光下暴晒。如果有褶皱，勉强可用低温熨斗熨平，但要先垫一层牛油纸再熨。在挂起晾晒时，要先用海绵或软布缠绕衣架再挂上皮衣，以防变形。

## 合成纤维衣

合成纤维衣物包括锦纶、人造毛皮、涤纶等多种类型的衣物，在晾晒时应该注意一些细节，才不会使衣物变形、褪色。

衣物洗净后，不宜马上放入甩干机脱水，而应该直接挂在衣架上晾干，可使衣物笔挺。

锦纶衣物不可直接晒太阳，否则衣物容易变黄；多数化纤衣物可在阳光下晾晒，但是紫色、粉红色和蓝色的衣物最好放在阴凉处晾干。

**小贴士**

　　领带最怕出现褶皱，那样会使领带看上去不美观，从而影响穿着效果。

　　将领带发生褶皱的地方用手拉紧，取来一个干净的酒瓶，再将领带一圈一圈卷在酒瓶上，再放到通风、阴凉的地方，放置1天，皱折即可消除。

## 雨天衣服晾晒

　　下雨天室外湿漉漉一片，也没有足够的阳光，不适宜晾晒衣服。

　　应该将洗好的衣服收进室内来晾晒，但是下雨天室内空气流通较差，又相对潮湿，不利于晾干衣服，还容易使衣服吸潮，生异味。

　　这时可以用熨烫方法来辅助，将衣服的领子、前襟、袖子等布料有重叠或不易干透的部位熨干，再用衣架撑起，可以加快晾干速度。

## 衣物烘干的窍门

有些衣物如果刚刚清洗完，又马上赶着穿，光靠吹风机就不能非常快速地解决。

这时候，就可以借助一个小工具来完成这项工作。找来一个不用的纸箱，当然，必须要保证这个纸箱是完全干净的，之后，根据家里用的吹风机大小，用小刀在侧面开一个洞。

接下来，只要将衣物放入纸箱，封顶盖好，再用吹风机从小洞往纸箱内吹风，即可将衣物迅速烘干了！

像手套、袜子、内裤等较小件的衣物，如果急着要用，又或者想加快风干的速度，就可以尝试一下下面的方法。

将想要快速吹干的小件衣物放入一个干净的塑料袋或保鲜袋中，再将吹风机口凑近塑料袋口，用手握紧塑料袋口，使袋内空气封闭起来，再打开吹风机，吹的同时不停摇晃塑料袋，以使衣物的每个部位都能均匀受风。

Part

**6**

保持浴室的
干净干爽

# 浴室空间巧利用

## 🏠 整体利用

　　一般的家庭都把盥洗台直接和墙壁连接起来，这样会使洗手间看起来显得很是单调，不如我们自己来动动手，或许能带来一些意想不到的惊喜哦！

　　首先，我们完全可以在盥洗台与墙壁之间留一些空隙，然后在空隙处做一个橱柜。这个橱柜不需要顶到天花板，高度可以根据自身的需要来定。可以在下面做一些抽屉，收纳一些洗漱常用到的小物品。最后在橱柜上面再放上一盆垂吊式的绿色植物，这样就让卫生间增添一分翠绿的自然气息。

　　如果浴室的空间较小，可以考虑镜柜，镜柜的材质要比较好才行。镜柜的层板深度可以做15~20厘米，可以放置保养品、化妆品以及洗漱用品，收纳瓶瓶罐罐，不仅节省了空间也十分美观实用。

## 收纳篮

卫生间的清洁用品很多，也很零碎，摆在一起看起来会很凌乱，但是只要借助几个小提篮，就可以让我们的卫生间看起来错落有致，找起东西来也会更加方便。

①把小提篮放在马桶上方，放一些清洗马桶的清洁用品。

②也可以把小提篮挂在浴房门的把手上，放一些沐浴露等。

③小提篮装上护肤品，放在镜子旁，用起来也很方便。

## 收纳架

可以使用浴室用的转角架、三脚架之类的吊架将其固定在壁面上，放置每日都需要使用的瓶瓶罐罐等盥洗用品，或是用合乎尺寸的细缝柜收藏一些浴室用品，可以用浴室专用的置物架增加马桶上方的置物空间，放置毛巾及保养用品等，这些都是很好的空间创造法，可以让卫浴空间更井然有序。

## 洗脸池上下空间

洗脸台上放着牙刷、牙膏、梳子、刷子、剃须刀、洗发水、吹风机，使洗脸台显得很凌乱，下面就教你巧用洗脸池上下空间进行收纳。

①可以在洗脸池的上方安装一个置物支架，这样就能将洗漱用品统统都摆在上面了，摆放整齐就可以啦。

②还可在洗脸池上方的墙壁上安置几个挂钩，用来挂毛巾，这样取放的时候也很方便。

③可将洗漱台下方的支撑台做成对开门的储物柜，能摆放一些浴室洗涤用品及卫浴必备用品。

④如果洗脸池下方装不了储物柜，可以摆一个防水的储物盒，同样也可以收纳浴室小物件。

# 整体清洁

 ## 水龙头

　　浴室的水龙头常常会因为沾到各种沐浴露、洗发水等洗涤剂而产生一些白色的污垢，比较难清洗。

　　这时可以用干抹布蘸取少许牙膏，然后轻轻擦拭水龙头上的污垢，最后再用清水冲洗干净即可。

## 洗脸池

**清洗**

　　洗脸池用久了会产生很多黄色的水垢，可以用以下两种方法清洁洗脸池。

　　①取一小块肥皂，放入废旧丝袜中，用被丝袜包住的肥皂轻轻擦洗洗脸池中的黄色水垢，最后用清水冲洗干净，就会发现原来的水垢不见了，洗脸池变得光洁干净了！

　　②将少许洁厕剂倒入洗脸池中，过 20 分钟后，再用清洁海绵擦拭洗脸池，最后用清水冲洗干净即可。

## 灭菌

由于洗脸池台面经常被浸湿，所以也是容易滋生霉菌的地方，可以用下面的方法轻松搞定。

①用干棉布打上粗蜡，然后在霉斑处来回擦拭，最后用清水冲洗干净即可。

②用废弃的小牙刷蘸上些许牙膏擦拭霉斑处，也能轻松去污。

## 排水通畅

首先封住排水口，再放上半池水，用胶泵盖着去水口徐徐压下，然后一面用手掩紧洗脸池旁边的气孔，一面用力把泵抽起，如此来回多次即可把积聚物抽入盆内。

如果还没有效果，可以买氢氧化钠，用两三汤匙氢氧化钠调半盆开水，徐徐倒入水管口，让淤积物滑去，半小时后用清水冲洗，水管便会畅通。

140

## 排水口

卫生间洗脸盆的排水口过一段时间就容易积一层污垢，要清洗洗脸盆的排水口，利用卫生纸的滚筒就可以方便地达到这一目的，既简单又有效，何乐而不为呢？

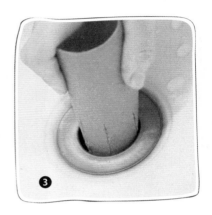

1. 找一个卫生纸的废纸筒，在一侧剪开1/3长的口子。
2. 在剪开的口子上斜划3～4处刀痕。
3. 将刀痕处插入排水口来回旋转（见图）。
4. 这样一来就能将排水口清洗干净了。

## 浴室镜面

冬天洗澡时，常常会发现浴室的镜面出现雾气，看不清镜子中的影像。用以下方法可以巧防雾：

①先将镜子用干抹布擦干净，然后抹上一层肥皂水，这样就可以防雾气了！因为肥皂水中含有表面活性剂，可以很好地防止水蒸气在镜面凝结成雾气。

②用土豆片在镜子上均匀地抹抹，然后用干毛巾擦净，这样也有防雾效果。

浴室的镜子除了容易起雾气，一旦沾上其他的污垢也是很恼人的。可以用下面的方法解决。

①用干毛巾蘸上少许白酒，轻轻擦拭镜子上的污垢，就会发现镜子亮了很多。

②用毛巾蘸上喝剩的茶水来擦拭镜面，去污效果也是相当不错的。

## 防水浴帘

①漂白水清洗。把浴帘拆下来，浸于 1:50 的稀释漂白水中约 15 分钟，再用刷子将污渍刷掉，这样就可以清除浴帘上的脏污和霉斑了。

②酒精消毒除黑斑。若见到浴帘上长霉有了黑斑，要抹走黑斑，可以先用水稀释酒精，均匀地喷在霉菌点上，然后再用花洒冲洗就可以了。

③撒盐磨砂深层清洗。浴帘的底部最难擦洗，可以用刷子蘸盐用力刷洗，因为盐的细小颗粒可以在污处产生如磨砂般的效果，可除掉顽固污垢。

## 玻璃门

玻璃门是一个比较容易忘记清洁的地方，如果你仔细看一眼，会发现它其实已经脏得不行了。不用担心，清洁它也有小妙招。

①在玻璃门上喷洒适量小苏打水或者洁厕灵，然后用抹布擦洗干净，再用清水冲洗，最后擦干即可。

②玻璃门的轨道处，可以用小毛刷蘸取洗洁精或者小苏打水来刷洗。

## 🏠 喷头

燃气热水器的淋浴喷头，长时间使用之后，喷头里外都会产生许多水垢，水流会变得越来越细，流起来也不顺畅。怎样清除堵塞物，让淋浴喷头流水顺畅呢？这里教你一个小秘诀可解决你的烦恼。

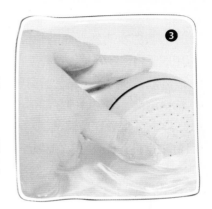

① 将淋浴喷头卸下来。

② 取一个口径比喷头大的碗或杯子，倒入醋。

③ 把喷头（喷水孔朝下）泡入醋中，浸泡8小时后取出，用清水冲洗就可以使用了（见图）。

如果喷头只有几个水孔不出水，则用牙签刺去水孔中的水垢就可以了。

浴室的喷头水管用久了会产生黄色的水垢或锈渍，因为一般浴室的通风不佳，加上潮湿的水汽浸润，就会让浴室的喷头产生一些水垢。可以用以下方法来去除喷头水管的水垢。

先将少许小苏打倒在脸盆中，倒入适量热水稀释，然后把喷头水管放入脸盆中，浸泡 15 分钟；再用清洁海绵擦拭喷头水管，反复擦拭几遍就可以了。

## 🏠 浴缸

浴缸用久了会滋生大量的细菌，很容易诱发皮肤感染，危害健康。而且浴缸用久了还会出现水垢、污渍的现象，因此清洗浴缸显得很重要。

用海绵蘸取适量白醋将浴缸擦拭一遍，然后用清水冲洗干净即可；用柠檬片擦拭浴缸，也可以去除浴缸的污渍。

　　浴缸有时会因为洗澡掉落的头发没有及时清理而引起堵塞，所以浴缸一定要定期清洁。如果不幸还是堵塞了，可以去商店买一个手摇螺旋钢丝，从地漏

处边摇边向下推进，当手摇有异物感时，轻轻地边摇边向上拉，堵塞的头发及污垢就会跟随螺旋钢丝被旋出来。将污物清理掉之后，再冲洗干净即可。

 马桶

### 马桶水箱

　　将水箱阀门关闭，按下水掣，放走水箱内的水，然后小心拿开箱盖放到安全位置，再将少量洁厕灵或稀盐酸倒入水箱内浸泡半个小时，用海绵将水箱内壁四周擦拭干净。

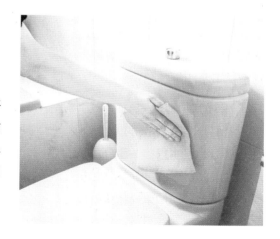

把水阀打开，将污垢冲走。有顽固污渍残留时可用刷子刷洗，最后盖上水箱盖子，用抹布将其外表水迹擦拭干净。

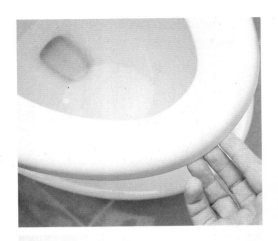

## 马桶盖

马桶配有马桶刷，但是马桶盖呢？我们习惯每次冲厕所都会将马桶盖盖住，所以马桶盖内侧都是脏脏的。

可以先用清水冲洗干净，然后再用废旧的牙刷蘸上些许牙膏，仔细刷洗就能去除上面的污垢。

如果上面有水垢，可用醋加盐水混合制成洗涤液，喷在马桶盖上静置半小时，再用刷子刷洗干净即可。

## 马桶外侧

马桶外侧有污垢，可用食盐加松脂混成糊状，涂在马桶外壁，静置 10 ~ 20 分钟后，用湿海绵擦拭干净即可。

## 马桶坐垫

马桶坐垫是细菌的滋生地，马桶坐垫的卫生直接关系到身体健康，因此及时清洗马桶坐垫显得尤为重要。我们可以用小苏打来对马桶坐垫进行清洁。

①将小苏打加水配成溶液，倒入喷壶中，摇晃混匀。

②将溶液喷洒在坐垫上。

③最后用干抹布擦拭干净即可。

## 除异味

马桶用久了常常会发出难闻的异味，可以尝试用以下方法去除马桶异味。

①使用各种冲厕香片或者小香贴。

②将几盆绿色的植物放在马桶附近，也可以有效去除马桶异味。

## 马桶底部

我们每天都要使用马桶，最令人为难的就是，马桶壁上的污垢清除起来又麻烦又费时。其实只要使用醋和苏打粉，就可轻松除掉黑斑以及排泄物造成的黄垢。

**1** 取一杯白醋和适量的苏打粉，然后将两者倒入同一容器中，充分混匀。

**2** 将白醋加苏打粉的混匀液倒入马桶中，静置约15分钟。

**3** 用马桶刷刷洗，最后放水冲洗干净即可（见图）。

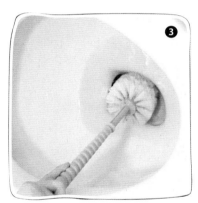

# 排风扇

浴室排风扇由于清洗不方便，总是被无情地"下一次"，所以趁它满是灰尘之前，赶紧来清洗一下吧。

先将排风扇的外罩和过滤网卸下来，放在清洁剂中浸泡。然后取抹布蘸取肥皂水或者清洁剂，擦洗排风扇叶以及内壁，擦洗干净之后，再用清水擦洗2 ~ 3遍。最后把浸泡在清洗剂中的外罩和滤网擦拭一遍后，用清水冲洗干净，再用抹布擦干，分别把外罩和滤网安装好即可。

## 洗衣机

洗衣机内产生异味主要是由于机内细菌滋生的结果，所以去除异味应该从洗衣机的清洗消毒着手。下面我们介绍几种洗衣机的清洗消毒方法。

①在非金属内胆的洗衣机内放入含有效氯水的溶液，开启 3 ~ 5 分钟后排尽。

②在金属内胆洗衣机内放入含量为 0.5% ~ 1% 的戊二醛溶液浸泡 10 ~ 15 分钟后排尽。

③霉菌对温度很敏感，在 35℃的水中生存率已很低，在 45℃的热水中几乎为零，所以用 45℃的热水清洗也可有效杀灭霉菌。

## 天花板

浴室相对较潮湿，遇上梅雨天气简直成了霉菌们的最爱，因此要注意多清洁浴室，尤其是霉菌的问题。由于天花板较高，常常是清洁的盲区，用以下的方法可以有效清洁天花板，去除霉菌，操作起来也相对较轻松。

先用适量小苏打加清水配制成小苏打水，或者将漂白水稀释，然后将抹布放在其中浸湿，再将其绑在拖把上面，用力擦拭天花板上长有霉菌的部位。待将霉菌擦拭干净之后，再换上一块干的抹布将天花板擦干即可。

## 墙壁

浴室墙壁发霉的主要原因是空气太潮湿了，如果通风不畅的话，霉菌就会爱上这里了。因此学会浴室墙壁防霉技巧很重要。

　　洗完澡之后，记得一定要开窗通风换气；用完浴室之后，及时用干抹布将墙壁上的水珠擦干；可以在浴室的墙壁处挂上干燥剂，以除湿气。干燥剂尽量挂在不易沾水的地方。

　　浴室的环境比较潮湿，墙壁上一不留意就长出黑黢黢的霉斑。下面教你几个小妙招，以对付这些顽固而恶心的家伙。

　　可以先用热水喷洒长有霉斑的地方，让其彻底软化。然后在长有霉斑处喷上稀释的漂白水（漂白水：水 = 1:4），然后静置 10 ～ 15 分钟，让漂白水浸透霉斑。最后戴上手套用抹布将霉斑擦拭干净，用热水喷洗几遍，最后用干抹布擦干即可。

　　浴室是肥皂垢堆积的主要场所。对于瓷砖上的肥皂垢可以先用温水冲洗一下，使皂垢部分溶解后，再使用刷子轻轻擦除。另外，还可以使用稀硫酸或稀盐酸溶液，将其滴在砖面，静置几分钟后进行擦拭即可。

## 防滑垫

　　为了安全，很多家庭都习惯在浴室铺上防滑垫，但是如果长时间不清洗，上面就会留下很多污垢，而且用清洁剂的话效果也不是很好。

　　只需一盆清水倒上适量的 84 消毒液搅拌匀，然后将防滑垫浸泡在其中，浸泡 2~3 个小时，上面的污垢就会自然脱落。然后用清水多冲洗几遍，直到气味消除即可。

## 🏠 地板

　　浴室的地板也是容易长霉菌的地方，此外，地板上也容易有毛发之类的污垢，因此我们也要做好地板的清洁。

　　先将漂白水与清水按照 1 : 99 的比例混匀，然后倒在地板上，静置 5 分钟。然后用刷子刷洗地板上长有霉菌的部位，刷洗干净之后用清水冲洗，直到冲洗干净，没有异味。最后用干拖把将地板擦干即可。

## 🏠 排水孔

　　浴室排水孔处很容易聚集头发和污垢，如果不及时清理，就很容易造成堵塞。下面教你如何防患于未然。

　　先戴上橡胶手套，然后取下排水孔的盖子，用废旧的丝袜当抹布，就能轻松带走发丝和灰尘。然后在盖子和排水孔处喷上适量清洁剂，用小刷子仔细地刷干净。最后用清水冲洗干净即可。

# Part

# 7

## 小阳台也需要
## 很好地打理

# 收纳与整理

## 🏠 巧妙设置宠物的家

宠物也要有它们的私人空间，我们可以在阳台给宠物一个小家。宠物的家根据猫、狗甚至乌龟不同的种类选择适合它们的小房子，旁边放一个收纳箱，放置玩具、洗漱用品、毯子等。

## 🏠 园艺空间巧利用

喜欢种花草的家庭可以在阳台内摆放竹质、藤质的摆设，选择组合式的储物架，可根据实际需要，拆卸或组合使用，花盆、浇花工具可以选择造型优美的。

墙面的搁板上摆放几个美观大方的竹制储物篮，方便收纳各种物品。

①透明的陈列柜可以将各式各样的盆栽一一放进陈列柜里，因为是透明的所以也能起到观赏的作用，且冬天还能起到保温的作用。

②如果比较喜欢种根枝较细长的植物，则可以辟一个平台或者是可以放置植物盆栽的置物架，摆放植物，不过要注意时刻修剪。

③如果希望在阳台有阅读空间的，可以用靠墙壁的梯形置物架，梯形置物架上不仅可以放置盆栽，也可以放书本，不过这对阳台避水要求高，最好是可以全封闭或半封闭式的阳台，下雨天把窗户关上，雨水就不会飘进来，这样书本也不会被淋湿。

## 🏠 其他物品的摆放

可以在墙面粘贴几个挂钩，挂放扫把、拖把等物品。

如果有一些杂货物品需要放置在阳台上，最好是用收纳箱，把它们一一整理好叠放起来，并在箱子外面用标签纸贴好，写明放置的是什么物品，方便查找。

# 园艺妙招

## 🏠 自制花肥

氮肥的制作：将食用的菜籽饼、花生米、豆类或豆饼、酱渣等煮烂贮于坛内，并加入适量厌氧型发酵剂后注入少量水，湿度保持在60%～70%。密封沤制一周左右即可取出其肥液掺水使用。

钾肥的制作：喝剩下的残茶水、淘米水、泔水、草木灰水、洗牛奶瓶子水等都是上好的钾肥，可直接用来浇花。这些水都含有一定的氮、磷、钾等营养成分，用来浇灌花木，既能保持土质，又能给植物增添氮肥养料，促使根系发达，枝繁叶茂。

完全复合肥的制作：将猪排骨、羊排骨、牛排骨等吃完剩下的骨头装入高压锅，上火蒸30分钟后，捣碎成粉末。按1份骨头屑3份河沙的比例拌匀，做花卉基肥，垫在花盆底部3厘米，上垫一层土，然后栽植花卉。这种骨头屑是氮磷钾含量充分的完全复合肥，有利于花卉生长开花。

淘米水通常都会被倒掉，这实在很可惜。其实淘米水有很多作用，比如其中含有丰富的油分和各种营养物质，通常用它来浇植物，能促进植物的生长和发育。

如果是用发酵的肥料给花卉施肥，时间久了会散发出恶臭味。不过，如果将橘子皮放入肥料液内，臭味就可减轻，而且橘子皮腐烂后也是很好的肥料。

## 🏠 浇花

浇花以"见干见湿，浇透水，避免浇水浇一半"为原则。所以要等花卉的土壤完全干透再浇。

判断土壤是否干透可以用吃冰激凌的木棍沿盆边插入土壤，尽量接近花盆底部，然后拔出来，就可以通过木棍表面黏土的干湿判断花盆下部的干湿程度。

浇水前要尽量先进行松土，这样可以使浇水更充分。浇水时尽量使水流慢慢地滴入花盆中。

## 🏠 养护

### 夏季

夏季花卉的蒸腾强度大，要求湿度高，需要多浇水，但是记住不要在中午浇水，浇水的温度要接近土温。茉莉、月季、牡丹等应该放置在阳光强、日照长的地方；菊花、扶桑、大丽花等应该放在半阴处；杜鹃、君子兰、马蹄莲、文竹、兰花等怕高温，可以放置在荫蔽度 80% 或散射光的地方。

夏季是花卉的生长旺盛期，必须要注意"薄肥勤施"，适合在傍晚先松土后再施肥，然后在次日清晨浇水。

夏季花卉长得很快，因此要及时修剪病枯枝和过多的枝叶、花蕾、果实，要控制枝条长度，促进分枝和增加花蕾。

## 秋季

初秋的气温比较高，植物蒸腾比较大，大部分花卉还是要 1 ~ 2 天浇 1 次透水。九月中下旬的时候可以开始控制浇水量，停止施肥，以免浇水过多造成烂根等情况。

对于茉莉、扶桑、九里香等喜光的花卉，秋天仍然应将其放在阳光充足的地方，使植株充分接受光照。

秋季是病虫害的高发季节，植株容易遭受害虫的侵袭，因此在盆花入室前，必须要进行彻底治疗，以免其入室造成更大危害。

在秋天霜降之前，绝大多数花卉都要及时入室。

**冬季**

冬天的光照强度不高，但花卉却需要多加光照，以利于光合作用生成有机养分，促进植株的抗寒性，因此，应适时将花卉放在能够照到阳光的地方。

冬季花草浇水要注意一次不要浇太多，防止因寒冷结冰而造成冻根烂根的现象。浇水的时间以上午10点到下午3点为宜，且水温应与土温、气候接近，以减少对盆花的刺激。

冬季花卉的吸收能力不强，施过多的氮肥会伤害根系；同时，施较多的氮肥会使枝叶变嫩，降低植株的抗病、抗寒能力，不利于越冬。

由于冬天气温低且潮湿导致植株抗寒能力下降，容易诱发真菌病害，所以应该降低湿度，提高室内温度以及植株的抗寒性。

当阳光充足时，应适当开窗使空气流通，这样有利于盆花的生长。

## 修剪

清洁叶片的时间为早晨，使叶片在入夜到来之前有充足的晾晒时间，以免因夜间缺少阳光以及温度降低，使叶片产个时间处于潮湿的环境。

一般来说，可用手托住叶片的背面，另一只手用软布蘸水轻轻擦拭，或用柔软的毛笔掸刷、小型手动喷雾器直接喷洒清洗也很不错。

**摘心：**也叫去尖、打顶，是将花卉植株主茎或侧枝的顶梢用手掐去或剪掉，破除植株的顶端优势，促使其下部腋芽的萌发，抑制枝条的徒长，促使植株多分枝，并形成多花头和优美的株形。

**疏剪：**包括疏剪枝条、叶片、蕾、花和不定芽等。当花卉植株生长过于旺盛，导致枝叶过密时，应适时地疏剪其部分枝条，或摘掉过密的叶片，以改善通风、透光条件，使花卉长得更健壮，花和果实的颜色更艳丽。

**抹头：**橡皮树、千年木、鹅掌柴、大王黛粉叶等大型花卉，植株过于高大，在室内栽培有困难，需要进行修剪或抹头。通常在春季新枝萌发之前将植株上部全部剪掉，即为抹头。抹头时留主干的高低视花卉种类而定。

**肥黄：**肥多，表现为老叶干尖变黄脱落，新叶肥厚但是凹凸不舒展。这类情况可以在盆中撒上一层小白菜或萝卜种子，出苗以后再拔掉，用以消耗养分。

**水黄：**水浇得多了，土壤里积水，透气性差，导致根须腐烂，嫩叶就会暗黄而没有光泽。

**碱黄：**北方由于水质偏碱，长期用来浇喜酸性的花卉，就很容易造成碱多，出现叶子渐渐褪色变黄或脱落，简单的解决办法是浇经过发酵的淘米水或雨水。

## 换盆

首先要确定植物是否需要换盆。盆栽植物养殖一两年以后，如果植物的根部出现盘根现象，从而导致植物生长十分缓慢，且浇水之后很快就干，那就说明原来的盆太小了，需要换容器了。下面就教你如何给家里的盆栽植物换盆。

①如果不希望植物长得太快、太大，可以剪掉部分外侧的老根，再去掉部分集结的土块，换入与原来同等大小的花盆即可。

②如果希望植物长得更快、更大，则不需要去除土块，只需将腐朽的根去除，再换上比原来稍大的花盆即可。

## 插花保鲜

①烧枝法：将花枝末端切口处 2~3 厘米用火烧一下，待其变色后再插进瓶中。此方法适用于梅花、桃花、蔷薇等花枝茎质较硬的花卉。

②浸盐水法：在瓶水中加少许盐搅匀，然后放入鲜花。这种方法比较适合梅花、水仙花等喜碱性花卉。

③剪枝法：每天或隔天用剪刀修剪花枝条末端切口处，确保新鲜，可保证花枝的吸水能力，延长鲜花的鲜艳期。

④烫枝法：把鲜花枝条末端切口处 2～3 厘米放进滚开水中浸烫 2 分钟，再将其插进瓶水中。此方法适合牡丹、芍药、郁金香等花枝茎质较硬的花卉。

# 宠物呵护技巧

## 呵护小猫咪

### 给猫咪洗脸

　　给猫洗脸，最好在洗脸水里加点盐，冬天要用温水。用左手按住猫头后颈，右手拿湿毛巾轻轻擦拭猫眼内角和鼻梁深陷处。猫如果反抗可大声呵斥它，擦洗时动作要快，时间长了猫会因为不舒服而挣脱。每天早晚喂完猫后，最好都洗一次。

　　在洗脸过程中，可顺便清洗一下猫的耳朵，检查耳内有无发炎或黑色、油脂状分泌物。这些症状可能是慢性耳疾的征兆。

### 给猫咪洗澡

　　猫咪是一种很爱干净的动物，就好像我们自己身上如果脏兮兮的也会难受，猫咪也一样，定时给猫咪洗澡，让它保持干干净净的，这样它会很高兴哦！

　　1. 湿透颈部以下的披毛。左手用柔劲拿住猫咪的脖子，这样猫咪就不会随便跳出来。右手浇水，或者拿喷头将颈部以下的披毛湿透。

　　2. 倒适量的猫咪专用浴液在猫咪的披毛上，并用手揉到

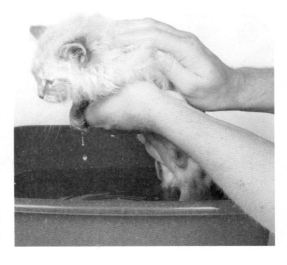

毛里产生泡沫，仔细揉爪子部分腹下部分和尾巴上的毛，充分起泡后，用温水彻底冲洗，直到没有泡沫。

3. 将猫咪抱出来，用手轻轻地在猫咪身上将下部分水，然后再用干毛巾擦拭，尽量擦干一些。

4. 用吹风机的最低热挡吹猫咪的披毛即可。

## 除掉猫咪身上的跳蚤

防蚤项圈：防蚤项圈大多含有机磷或氨基碳酸盐等杀虫剂，其溶于塑胶成分内而慢慢释放出来，直接作用在跳蚤身上使之致命，在防蚤项圈有效期限到达以前即需更换新的。

陈皮水：取 250 克新鲜的柑橘皮，用刀将其切成碎末，用纱布包起来挤出带有酸苦味的汁液。将汁液用 500 毫升开水稀释并搅匀，待凉后喷洒在猫狗身上，或用毛巾在柑橘稀释液中浸湿后裹在猫狗身上，半小时后，用清水洗净猫毛，即可驱除跳蚤。

## 给猫咪喂药

猫咪容易生病。如果猫拉稀便，但是胃口依然很好，那可能是用罐头食粮喂食所致，因为罐头食粮可口，猫咪吃起来没有节制，吃得过量就会导致腹泻。处理这种情况，首先应该停止喂食罐头食粮，改用干烘鱼拌饭，对于不吃的猫咪可以先饿一两天。

猫咪感染眼疾的典型症状是经常流眼水，双目湿润。这个时候就需要给猫咪的窝进行清洁，更换布垫，用棉花蘸取硼酸水洗抹眼部，并且用不刺眼的眼药水滴眼。猫咪的饮食方面，吃鱼最好是以蒸鱼为宜。如果猫咪的情况没有好转，最好是送去宠物医院诊治。

如果是年纪大的猫咪出现呕吐白沫和血，则有可能是患有肝病；如果是小猫咪出现此种情况，则有可能是吐不出鱼骨造成的，建议使用成药"五宝散"调稀灌饮。如果症状不能消除，则需要去宠物医院医治。

以下介绍如何给猫咪喂药的方法。

1. 右手拇指与食指捏住药片，左手让猫咪头部微仰起，大概成 45°角，用食指、拇指刺激、抠开猫的下颌并抵住使之不能闭合。

2. 迅速把拇指和食指捏着的药片投入猫咪喉咙中，投入的位置越靠近嗓子眼、舌根部越好，这样猫咪就不能用舌头把药弹出来。

3. 迅速用手闭合猫咪的嘴然后捏住，让它没有机会吐出或摇头甩出药片，不要立即松手，等待片刻。

4. 在进行第三步的同时，用右手轻轻上下抚摸猫的喉咙，等听到猫咪进行几次吞咽后保证药片吞下才可松手。

 呵护小狗

## 给狗狗洗澡

狗狗皮脂腺的分泌物有一种难闻的气味，还容易沾上污物并使毛发纠缠在一起。如果长期不给狗狗洗澡，就容易引起寄生虫及病原微生物的侵袭，导致狗狗生病。所以，给狗狗洗澡不仅能保持它毛发的干净，对狗狗的健康也是十分有益的。下面就教你如何帮狗狗洗澡。

让狗狗头部面向你的左侧，左手挡住狗狗头部下方到胸前部位，以固定好狗狗身体。右手置于浴盆侧，用温水按臀部、背部、腹背、后肢、肩部、前肢的顺序轻轻淋湿，再涂上洗发精，轻轻揉搓后，用梳子很快梳洗干净。

在冲洗前用手指按压肛门两侧，把肛门腺的分泌物都挤出来。用左手或右手从下腭向上将两耳遮住，用清水轻轻地从鼻尖往下冲洗，要注意防止水流入耳朵，然后由前往后将身躯各部用清水冲洗干净，并立即用毛巾包住头部，将水擦干。

长毛犬可用吹风机将毛吹干，在吹风的同时，要不断地梳毛，只要犬身未干，就应一直梳到毛干为止。

---

**小贴士**

洗澡水的温度不宜过高过低，一般春天为 36℃，冬天以 37℃为最适宜。

洗澡时一定要防止狗狗洗发剂流到狗狗眼睛或耳朵里。冲水时要彻底，不要使肥皂沫或洗发剂滞留在狗狗身上，以防刺激皮肤而引起皮肤炎症。

给狗狗洗澡应在上午或中午进行，不要在空气湿度大或阴雨天时洗澡。洗后应立即用吹风机吹干或用毛巾擦干。切忌将洗澡后的狗狗放在太阳光下晒干。由于洗澡后可除去皮毛上不少的油脂，这就降低了狗狗的御寒力和皮肤的抵抗力，一冷一热容易发生感冒，甚至导致肺炎等严重的疾病。

---

## 处理狗狗生虱子

家里养狗狗，要特别注意狗狗有没有生虱子。如果是毛比较长的狗狗，生虱子的话就比较不容易被发现，这时候可以根据狗狗的表现来判断：如果狗狗时常搔痒并咬自己的皮毛，且没有皮肤湿疹等疾病，则极有可能是有虱子了。

对于生了虱子的幼犬，可以用狗虱水进行处理。使用方法是，先用护发素和水冲洗幼犬，然后把狗虱水均匀抹在狗全身上。要引起注意的是，狗虱水要以一汤匙对 12 升水的比例进行稀释，涂上后先不要用水清洗，以使药力渗及皮毛。

对于不能进行湿洗的狗狗，例如北京犬，可以使用喷剂或者粉剂。使用方法是，将狗狗毛从尾部向头部梳起来，然后将药剂喷在全身，要避免喷入狗狗眼睛和嘴巴里。

## 梳理狗狗的毛发

经常给狗狗梳理毛发，不仅可以去除灰尘和污垢，还能减少狗毛的脱落，使狗毛保持清洁、美观。但是于长毛狗狗而言，梳理毛发可是一件让人棘手的事情。

洗澡前一定要先梳理披毛发，这样既可使缠结在一起的毛梳开，防止毛发缠结更加严重，也可把大块的污处去除，狗狗最不愿让人梳理的部位更要梳理干净。梳理时，为了减少和避免狗狗的疼痛感，可一手握住毛根部，另一只手梳理。

## 处理狗狗排泄物

狗狗的排泄物经常会出现在家里的各个地方或者是居室附近，引发清理的难题。

如果狗狗的排泄物是出现在居室附近的泥地，则清理起来会比较麻烦，因为排泄物会渗透进泥地，使得气味极易遗留，导致狗狗在此地的再次排泄。可以用足够量的漂白粉盖住排泄物散发的气味。

最好的方法还是让狗狗养成在固定区域排泄的好习惯。

## 呵护狗狗

宠物狗怕热，中午 12 点到下午 4 点，阳光辐射过强，出去暴晒很容易中暑，所以在中午 12 点至下午 4 点，不要带宠物到太阳下暴晒。

不要单独将宠物留在汽车中，封闭的汽车在夏日的阳光下，车内温度急剧上升，宠物在车内是很容易中暑的。

夏天可一周洗澡一次；带它去爬山时，不要选择布满荆棘的路，以免受伤，回到住地应用热毛巾将狗狗嘴角、下腹、四肢、屁股及脚底擦干净。

夏季最容易出现的急症就是中暑和食物中毒，如发现狗狗呼吸困难，张口呼吸，舌头发紫，体温升高，应马上将狗狗放在阴凉通风的地方，用凉水冲狗狗的两腋窝、腿根部和腹部无毛或少毛区。然后，尽快联系医院进行补液和退热治疗。

 呵护小鱼儿

## 保证水草旺盛

①养殖水草一定要掌握好水温，18 ~ 25℃是最适宜的温度。

②有良好的光照水草才能正常生长，最好是利用架在鱼缸上的日光灯的灯光或折射阳光，中间要用玻璃板相隔。

③除了水的洁净要注意之外，还要注意不要让水草浮出水面；如果水草过高，必须及时将其分叉。

④水草最好栽植在较大的碎石中，利于水草茂盛。

## 保持水族箱清洁

①保持水族箱水质清洁，投饵量一定要定时定量。一般投饵每日 1~2 次，每次不要投太多，投入的饵最好能让鱼在半个小时以内吃完，不然，未吃完的饵料会腐烂，这样就会破坏水质。

②养几条清道夫或者小鼠鱼，这些小鱼会帮你清理剩余的鱼食。

③可以在缸中种些水草，水草可以去除缸中的杂质，改善水质。

④还可以放些硝化细菌。买回后按缸的容量放适当比例的硝化细菌，硝化细菌对改善水质有帮助。

### 养鱼容器的消毒方法

新买来的鱼缸、鱼盆等容器要经常清洗，对未用过的容器和刚刚养过病鱼的容器要进行消毒。

可以用浓度为 0.005% 或 0.01% 的漂白粉溶液消毒。对于发生过寄生虫病的容器，可以用 4% ~ 8% 硫酸铜溶液进行消毒，浸泡 5 ~ 7 天，刷洗后再养鱼。

### 养鱼饲料的消毒方法

新鲜的饲料在投喂鱼之前要进行消毒。

通常可以用 10% 的高锰酸钾溶液浸洗 10 分钟，或 20% 的漂白粉溶液浸洗 10 分钟，或用 30% 的漂白粉溶液浸洗 5 分钟，可有效消毒，然后用水冲洗后喂养。

---

**小贴士**

鱼饵料投放量的计算可以根据鱼的体重来计算：通常每日的投饲料量应该为所有鱼体重的 3% ~ 5%。

根据鱼的摄食情况来确定适当的投饲料量：通常，投入饲料后，一般观赏鱼会在 20 分钟之内吃完饲料。如果用了 20 分钟或超过 20 分钟的时间还没有吃完饲料，就说明投放的饲料太多。如果鱼很快就将饵料吃完了，而且还在紧张地觅食，就说明所投放的饲料太少，可看情况再投一些。

还可以根据鱼的生理状况和天气来调节饲料量的投放：如果是晴朗的天气就可多投一些饲料，如果在阴天或者闷热的天气里，就应该少投一些饲料；如果发现鱼有病，游动得缓慢，而且没有觅食的兴趣，则应该少投或暂时不要投放。

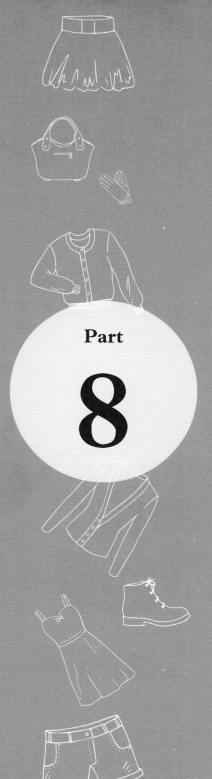

Part

# 8

家庭常见物品的
妙用

# 盐

## 🏠 清洁除味

### 去除衣服污渍

　　食盐可以清洗衣服上的污渍，沾上咖啡渍的衣服可以用盐清洗干净；盐和酒精按照1：4的比例混合，可以去除衣服上的油渍；衣服被葡萄酒污染，撒上盐后用凉水漂洗一下即可。盐还可以防止衣服褪色，在洗衣服之前，先将衣服放入盐水中浸泡一会儿，然后再洗，这样可以防止有色衣服变色。

### 清洗餐具

　　砧板因为剁鱼而留有腥味，可以先浸在淘米水里，然后用少许食盐擦洗，即可除味；煮牛奶、做饭时烧干的锅，可以用盐去除煳味；把盐放在新铁锅里面炒一遍，炒至快焦时倒出，可除去铁锅的铁腥味；去除茶杯里的茶垢，只要用手蘸一点食盐在茶缸内轻轻擦几下，即能去除。

# 美容保健

## 护齿

　　盐有保护牙齿的作用，用苏打和盐水的混合液刷牙，能使牙齿更坚固；刷牙时在牙刷上撒点盐可以让牙齿变白。每天坚持用淡盐水漱口2～3次或在口里含着盐水一段时间，不仅可以把口腔内引起口臭的细菌杀灭，还能预防牙龈出血。

## 洗头发

　　常用盐水洗头发也很有好处，不但可以清洁头皮污垢、去除头皮屑，还可以刺激头发的生长、防止头发脱落。洗头发时将50～100克食盐，在半盆温水中溶解，先将头发浸入在盐水中，搓揉几分钟，然后在头发中加洗发露揉搓，待洗掉油污后，再用清水冲洗即可。最好是每星期1～2次，一个月后脱发就能得到改善。

## 醒酒

　　喝了太多的酒导致胸闷、呕吐等不舒服的症状，可以喝点盐水来缓解。食盐可以缓解醉酒后的不适症状，淡盐水对解除酒后胸闷难受有良好的作用，所以饮酒过量时可以在白开水中加少许食盐饮用。

## 保护喉咙

　　淡盐水可以保护嗓子，在演讲、唱歌等需要用到嗓子的活动前，先喝一杯淡盐水，能避免喉咙干裂、嘶哑。患有慢性咽炎的人，在每天早晨喝点儿淡盐水，或者是用淡盐水洗漱咽部，一天当中有时间就这么多做几次，可以达到消炎止痛的作用，缓解慢性咽炎。

### 缓解食物中毒

若是发现自己食物中毒了，轻微的食物中毒或误食了有毒的草药，可以喝两杯温热的淡盐水，能够缓解中毒症状。如果食物中毒的时间在1～2小时内，可使用催吐的方法，立即取食盐20克加开水200毫升溶化，让中毒者喝下。如果严重的话可以去医院就诊，用些药物帮助治疗。

### 防中暑

适当喝些淡盐开水，可预防中暑。 在夏季或高温下劳动时，人们会出汗过多，大量流汗会丧失水分和盐分，这时应勤喝淡盐水，缓解中暑症状，补充失去的水分和以盐为主的矿物质。喝盐水时，要少量多次地喝，才能起到预防中暑的作用。

### 消除痘印和黑斑

食盐还是美容的好材料。用1茶匙食盐加半茶匙米醋搅拌均匀，然后用化妆棉蘸上擦脸，每天擦一次，可以治粉刺。食盐去痘印的方法是用指腹蘸少许盐，在痘印处螺旋状按摩3次，再取一点盐敷在痘印上，过五六分钟后洗去即可，一天一次，长期坚持即可消除脸上的痘印。用水把盐打湿敷在脸上，以鼻头为中心在两颊由下往上画大圆。然后用指腹在黑斑部分打圈搓揉即可有效淡化黑斑。

### 去除身体异味

身上的异味可以用食盐去除掉，比如腋下的异味在夏天很容易散发出来，会令人尴尬。

洗澡时将适量食盐抹在腋下，轻轻按摩几分钟，有利用消除腋下的异味。平日也可以用棉块浸上比海水稍淡的盐水随身携带，随时用它来除去汗水。脚臭味也能用食盐去掉，将充分的粗盐抹在脚尖、脚趾之间及脚底部分，并用刷子搓揉几次，5分钟后用水冲净即可。

## 烹调妙用

### 处理鱼

剥鱼鳞之前，用食盐涂抹鱼身，再用水冲洗，可去掉鱼身上的黏液，鱼鳞会很容易脱落。若发现将要烹制的鱼不太新鲜，可用食盐把鱼的里里外外擦一遍，过1小时后，再入锅煎，这样做出来的鱼鲜味如常，鱼块不易碎。将冰冻的鸡、鱼、肉等放进淡盐水内解冻，不仅解冻快，还能保持鲜嫩。切鱼时，蘸一点细盐在手指上，可减少黏滑难切的困难。

### 鸡蛋

打鸡蛋时，在蛋液中加一点盐，可将蛋液快速搅匀，下锅后的蛋花也会更均匀、蓬松。煮水煮蛋时加点盐，蛋壳就不易破裂，有破口的鸡蛋也会保持原状，煮熟后在冷水中略浸，还能很快剥除蛋壳。验证鸡蛋是否新鲜，只需把它放在盐水里，新鲜鸡蛋会下沉，不新鲜的会漂浮。

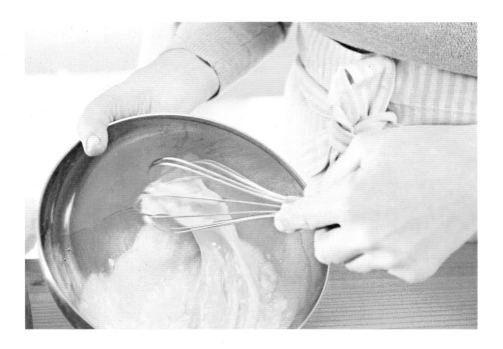

## 提升口感

平时吃菠萝时，一定要把菠萝放在盐水中浸泡片刻再吃。这是因为菠萝含有苷等物质，直接吃有涩味，并且吃多了会过敏，吃之前将菠萝用盐水浸一下，口感就会变得酸甜可口，并且可避免过敏。

## 巧煮豆腐

将切好的豆腐在盐水中浸泡20分钟，再烹饪时就不易碎；在煮豆腐时，如果煮的时间太久，豆腐会变硬，失掉原有的风味，如果事先添点盐，豆腐就不会变硬，而且滑嫩好吃。豆腐干、豆腐皮等豆制品含有豆腥味，若用盐开水浸漂，既可去除豆腥味，又使豆制品色白质韧。

# 醋

## 🏠 清洁除味

### 清洗蔬菜

日常清洗蔬菜时，只是简单地去除了蔬菜表面的污泥，并不能洗掉蔬菜上的农药。蔬菜用水清洗过后，将10毫升的纯米醋用一水池的水稀释，把蔬果浸泡在水池中至少15分钟，即可去除农药残余，而浸泡过醋水的蔬菜烹制后，吃起来特别清脆爽口。

### 清除锅底污渍

家里的锅用久了，高温烹制食物后的残渣会留在锅底，不仅很难清洗掉，还会影响菜的口感。用食用醋来擦洗就好了，往锅里倒些食用醋，再加点水，上火煮5分钟，最后一擦洗，锅底污渍就没了。

### 除冰箱异味

冰箱里的东西放得又杂又多，长期不清理，冰箱会有一股难闻的气味，这时可以用醋去除异味。食用醋发出的刺激酸味儿，可以将各种味道覆盖，把食用醋盛在碗里，放到箱柜里，时间越长，效果越好。

### 玻璃洁净

家里的玻璃长久不打理，表层上会积有厚厚的一层陈垢，用水很难清理掉。将醋与水以1:1的比例混合，再用抹布沾湿，即可将玻璃上的灰尘和污垢擦除。如果玻璃上沾了油漆，也可以用绒布蘸少许食醋擦掉。

### 清除残留粘胶

家里经常在墙上粘贴图纸或粘钩，当不用时将其撕扯下来，墙上会留下很多粘胶，用食用醋往粘胶上涂抹，过一会儿，残留的胶就会很容易被刮除。

## 衣服柔顺

　　白醋洗衣服能抑菌去味，使衣物更柔顺，还可以除去衣服残留的洗衣剂。在清水投洗的倒数第二遍时，用1:100比例稀释后的白醋水浸泡投洗5分钟，再用清水洗干净。把丝织品放在少量醋的清水中浸泡几分钟，洗后晾干，衣服仍能保持原有的光泽。洗涤有色布料时，如牛仔裤，可在水中加一点醋使衣服不易掉色。

## 除衣服污渍

　　白醋能够去除碱性的汗渍，中和残留在衣物上的洗衣剂。要去掉衣服上泛黄的汗渍和汗味，可以将脏衣物先在水醋比例20:1的白醋水中浸泡漂洗10分钟，再进行常规清洗。衣服上沾染了颜色或水果汁，滴少许醋在有颜色的地方，轻搓几下就能去掉了。

## 垃圾桶除味

　　把垃圾桶里的污迹洗干净后，垃圾桶里还是会弥留一股难闻的味道，这时可以拿一片面包浸满白醋，放到垃圾桶里，第二天难闻的气味就会消失了。

## 去水垢

在水质较硬的地区，水壶、咖啡机用一段时间后就会有一层水垢，淋浴喷头用久了也会有水垢积存，堵住出水口。可以利用白醋的酸性除去水垢，把白醋直接倒入水壶、咖啡机中，或把淋浴喷头浸泡在盛有白醋的水盆中，经过一夜的浸泡，水垢很容易就能除去，再用清水冲洗干净即可。

## 清洁厨具

洗碗时，如果碗里的油太多，用了很多洗洁精，也不一定可以洗干净。往洗洁精里倒些食用醋，醋里的酸性成分有杀菌的功能，可以将油污快速去除。家中用旧了或是生锈的铜器、铝器，若要继续使用，则需要先用醋涂一遍，干后再用水冲洗，不仅能很容易擦掉污垢，还能恢复光亮。

## 清洁眼镜

眼镜戴久后，镜片上会有很多灰尘、污迹和手指印，要想将镜片擦干净且不损伤镜片，最好是用软布蘸上一点儿醋，食用醋可以非常轻易地将镜片擦拭干净。

## 美容保健

### 消除手上异味

处理海鲜、肉类及有刺激性味道的蔬果后，手上会残留气味，用稀释过醋的水泡手约3分钟，可消除掉手上的异味。使用清洁剂打扫时，手上也会残留黏腻的清洁剂，滴一些米醋在手上搓揉几下，即可消除黏腻感。

### 醒酒防宿醉

饮酒后酒精会被胃吸收，随着血液循环到全身，此时肝脏负担加重，如果搭配一些拌醋的菜肴则可缓解。但若是已经萌生醉意，就必须直接饮用稀释过的醋，除了可快速醒酒，还能预防宿醉，效果最佳的是纯米醋。

### 护发防脱

醋含有丰富的维生素E，可以让头发变得柔软有光泽、减少分叉，还能抑制头屑生长、滋养头皮。在洗发后，用水醋比例约为10:1的醋水漂洗头发，将头皮浸入醋水中，用手指按摩5分钟即可。也可直接将苹果醋或醋精涂抹在头皮上5分钟，即可达到防脱发的目的。如果想要治疗头屑，则需要水醋比例约为1:1浓度的食醋水浸湿发根，轻轻揉搓，10分钟后用清水洗净。

### 美白皮肤

白醋本身有抑菌、美白、软化角质的作用，每天坚持用白醋洗脸可以让面部肌肤白白嫩嫩，还有抑制粉刺生长的作用。可用清水稀释后的白醋水直接洗脸，也可在洗过脸后直接将醋擦在脸上，等待醋自然风干后，再用清水将脸洗净。将醋精或是60毫升米醋加入浴缸中，洗浴后可以缓解皮肤瘙痒和肌肉疼痛，使肌肤柔嫩。

## 感冒发热

醋有消炎杀菌的作用。流行性感冒引起的发热，可将老松醋加梅子醋用大量的水稀释后喝下，发热状况会缓解，感冒症状也不会继续加重。如果有咽痛的征兆，可将梅子醋40毫升与水以1:2的比例稀释，先含在口中后一饮而尽，有缓解咽痛的奇效。鼻塞不通气时可以将食醋烧开，用鼻子吸醋气，有助通气。

## 跌打扭伤

醋能促进血液循环，使瘀血散开，在不慎扭伤引发红肿疼痛时，紧急处理方式是先冰敷，再用纯米醋轻轻地在受伤部位擦拭。如果是皮肤表面的擦伤，也可以先用纯米醋清洗，再进行透气包扎。纯米醋含有丰富氨基酸，消炎杀菌效果很好。

## 蚊虫叮咬

被蚊虫叮咬后可以用醋来止痒。蚊虫会释放大量酸性物质，残留在皮下组织，使被叮咬处奇痒无比、红肿疼痛，用纯米醋涂抹在患处，即能立刻止痒。因醋被皮肤吸收后呈碱性，可中和蚊虫释放的酸性物质。

## 治疗便秘

陈醋含有多种氨基酸和多种对消化功能有帮助的酶类及不饱和脂肪酸，它能促进肠道蠕动、调节血脂、中和毒素，维持肠道内环境的菌群平衡，治疗习惯性便秘。每天早晨空腹饮1汤匙醋，最好是陈米醋，然后紧跟着饮一杯温开水。习惯之后，醋的量可以减少。

## 治打嗝

醋的酸味能刺激口腔唾液腺产生大量唾液，在打嗝时饮醋一小杯，一口气喝下去即可消除。或是用2汤匙醋，加1汤匙白糖，调成糖醋汁，饮服即可。

## 美白牙齿

早晚刷牙时滴几滴醋在牙膏上，可以去除牙烟垢，使牙齿变白。直接用醋漱口，含在口中3分钟后吐出，再用清水漱口，每晚1次，也可以达到美白牙齿、去除口气的效果。

## 有助睡眠

如因环境条件改变引起失眠，临睡前喝1杯加醋的冷开水，有助安然入睡。长期处于紧张状态下而形成的紧张性睡眠障碍，每天1匙米醋稀释温水后再喝。喝完后记得漱口，以免腐蚀牙齿。要注意的是，患有胃溃疡和胃酸过多的人不要采用此方法。

## 保护指甲

在涂指甲油前，先用醋润湿棉签，把指甲擦洗干净，等醋完全干了之后再涂指甲油，可使其更加光亮，不易脱落。时常用醋擦洗指甲，可以让指甲更洁净。

## 白发复黑

用500毫升醋和120克黑豆一起煮成稀糊状，过滤后，以牙刷蘸取刷在头发上，每日 2 次，刷后不用清水冲洗，连续用 2～3 次后洗头一次。从中医角度上讲，醋和黑豆结合可以补益肝肾，补益精血，而发是血之余，肝藏血，肾精可以化血，所以醋煮黑豆是治本以黑发。

## 眼睛消肿

许多人早晨起来时眼皮发肿，是常见现象。可用适量牛奶加醋和开水调匀，然后用棉球蘸着在眼皮上反复擦洗3~5分钟，最后用热毛巾焐一下，眼睛很快就会消肿。

## 烹调妙用

### 煮鸡蛋

在蛋清中加一小匙醋，可以很快把蛋清打得发泡。如鸡蛋不大新鲜，下到锅里就易散开，先往沸水锅里滴几点醋，再将鸡蛋打入锅内，就能形成漂亮的蛋花。煮破壳蛋时，可在水中加一点醋，便能阻止蛋白跑出来。破壳蛋要尽早吃掉，最好不超过48小时。

### 防食物变色

去皮的土豆泡在醋水里，土豆不会变色，因醋可以阻止切开的食物表层发生氧化。炒茄子时加点醋，则茄子不易变黑。刚蒸熟后的馒头发黄时，可将蒸锅里的水舀出一部分，然后往锅里加进一些醋，再将发黄的馒头蒸15分钟左右，碱遇酸发生中和反应，馒头就变白了。

# 啤酒

 清洗

### 清洗真丝衣物

　　真丝衣物清洗不当很容易造成色泽暗淡、丝质受损等情况，用啤酒清洗真丝衣物，可以使衣物平滑、色泽鲜艳，恢复原来的样子。先将啤酒倒入冷水中，然后将清洗干净的衣物泡入，浸泡时间约15分钟，捞出洗净后晾干。

### 让植物茂盛

　　可用软布蘸啤酒来擦拭植物的叶子，用啤酒擦过之后不仅灰尘没了，连长年的污垢也能去除。经常擦拭可给叶面施肥，还能让叶子变得油亮而富有光泽。将啤酒倒入花盆里，可以给植物施肥，让植物生长得更加茂盛。

### 擦玻璃

　　用啤酒擦玻璃是个很好的方法，因为啤酒中含有酒精，而且又是胶体溶液，所以有蒸发的作用。用啤酒擦玻璃可以让水分快速蒸发，也不会留下抹布的纤维物，从而使擦过的玻璃变得干净透亮。

### 清洁家具

　　家里的木质家具打理起来非常麻烦，可以先用清洁剂清理家具，等泡沫消失后，用啤酒浸湿抹布擦拭家具，等到自然风干之后，木质家具会焕然一新，变得结实、闪亮。有了这个方法，过期的啤酒再也不用扔掉了。

### 擦冰箱

　　冰箱用久了会有污垢和异味，所以要时常清理冰箱，啤酒可以用来当作清洁剂清洗冰箱。用毛巾蘸啤酒擦拭冰箱的内部，不仅可使冰箱显得干净清爽、非常光亮，而且还可起到杀菌消毒的作用，还能去除冰箱里的异味。

## 去纱窗灰尘

啤酒可以去除灰尘，灰尘积累很多的纱窗就可以用啤酒来清洁。先将纸巾摊开浸在啤酒里，然后覆在纱窗上，等纸巾干一点的时候再取下来，纱窗上的灰尘就去除掉了，纱窗变得干净如新。

## 除油污

用啤酒来清洁厨房的油污是一个很好的方法。厨房是油污最重的地方，用啤酒浸湿抹布擦拭要清理的油污，能很快就清洗得干干净净了。

 美容保健

## 防治心脏病

喝啤酒可以降低患心脏病的概率。如果保持一天喝一杯啤酒，就会使患心脏病的可能性减到最小。需要注意的是，啤酒的保健功能要严格控制在一天一杯才会有效，一天两杯或两杯以上都没有防治心脏病的作用。所以，喝啤酒也要控制好量。

## 去尘消毒

冬天天气寒冷，空气中的灰尘和细菌也很多，可以把啤酒和醋兑在一起，装进喷壶里，在房间里喷出雾状水，这样可以消除室内空气不流通造成的污染，排除有毒气体，杀死细菌，防止感冒。而且用啤酒漱口可以冲掉喉咙里的微尘，并有消毒作用，可以使喉咙更舒畅。

### 美发护发

啤酒中含有大麦和啤酒花，都很有营养价值，将喝剩的啤酒用于洗头可以很好滋润头发。洗头发时，在水中加入适量的啤酒，洗起来清新舒爽，头屑、油污一洗即净，而且洗过之后头发会有一股淡淡的啤酒的清香味道。啤酒洗头发能起到一定的护发效果，尤其是受损严重的头发，用啤酒洗头后修复效果十分好。

### 脱毛

啤酒还可以代替脱毛膏来脱毛，觉得自己体毛过多的人，用化妆棉或纱布蘸一些啤酒，仔细地涂抹于手、脚体毛浓密的地方，静置一会儿，体毛就会自然地脱落而且不会伤害肌肤，然后再清洗掉毛发。

### 润肤养颜

啤酒中的酒精能促进血液循环，加速新陈代谢；酵母有益于软化和柔顺肌肤。用啤酒洗脸，可以预防面疱、脓疱，而且可以收缩毛孔。将啤酒倒入温水中洗浴，具有润肤养颜的功效。啤酒中的酵素和酶能够软化角质，排出身体里的多余水分，让皮肤更加细腻有光泽。

## 烹调妙用

### 肉质变嫩

在烹调肉类食物之前，可以先淋上一些啤酒腌制一下，会使肉类变得比较柔软、嫩滑，对牛肉尤为适用。而且经啤酒处理的肉类也比较不易腐坏，味道更鲜美。炒肉片或肉丝时，用淀粉加啤酒调糊挂浆，淋在肉片或肉丝上，炒出来的肉鲜嫩可口，风味尤佳。做清蒸鸡时，将鸡放入加有适量啤酒的水中腌浸15分钟，然后取出蒸熟，清蒸鸡会格外滑嫩鲜香。

### 去腥味

烹制冻猪肉和排骨时，先用少量啤酒将肉腌渍10分钟，可去除异味。将宰杀好的鱼、鸡、鸭等放在盐、胡椒和啤酒中浸泡1小时，可去其腥味。在清蒸腥味很大的鱼时，可以先用啤酒腌制10～15分钟，这样做出的鱼不仅腥味大减，而且可使鱼肉更嫩，味道更佳。

### 提鲜提香

在烧汤过程中可以添加少量啤酒，能提高汤的鲜味。比如在炖鱼、炖牛肉和其他各种咸味的汤中。在做米饭的时候，以一人饭量加20毫升啤酒为准，这样蒸制出来的米饭，香味更浓，而且能使饭粒颗颗松散、不粘锅。但千万不要加太多，不然啤酒的苦味就会显露出来。

### 膨松剂

在面糊里添加啤酒能让它更加蓬松，啤酒中的气泡和酵母都可以做发酵剂，替代酵母。如果想要用面糊油炸鱼或者藕盒、茄盒，不妨在做面糊的时候把水换成啤酒，这样炸出来的食物外面会非常松脆。和面时在面团中揉进适量的啤酒，烤制出的小薄面饼又脆又香。

## 腌渍料

啤酒用来腌制菜肴也是一个不错的选择。在腌制酱菜时，加入一点啤酒，能使酱菜变得更为鲜美。腌肉时加约2汤匙啤酒，炒出来的肉味道会更鲜美。

## 🏠 其他

### 鲜花保鲜

在花店买来的鲜花，放在花瓶中一个星期就会凋谢，啤酒可以使鲜花保鲜，所以在插鲜花的花瓶内加一点啤酒吧！因为啤酒里含有乙醇、糖还有其他营养成分，就能延长鲜花的保鲜期。

## 防止衣服褪色

买回来的新衣服在清洗时往水里加一些啤酒，泡过之后不容易褪色。如果家中深色的衣服比较容易脱色的，在清洗过程中用啤酒加水浸泡一段时间再清洗，可以使衣物变得柔软、恢复原本的颜色。洗衣时加入些变苦了的啤酒，可除去衣物上的异味。

## 让花草茂盛

喝剩的啤酒可以用来浇花，啤酒是弱酸性的，可以调节土壤的酸碱度，从而使植物生长得更加茂盛，花也更加艳丽。在草坪上那些草叶发黄的地方浇点啤酒，有助于草坪的生长，小草将吸收到生长所需的养分、糖和能量。

## 除虫

如果栽种的植物、花卉有虫害的，使用杀虫剂又会破坏有机环境，那不妨用啤酒试试。把啤酒倒在碟子里放在植物旁边，害虫会被啤酒的味道所吸引，等它们喝醉之后就会泡在啤酒里任由处置了。

# 茶叶

## 🏠 清洁除味

### 吸附异味

　　茶叶喝完后剩的茶渣不要丢掉，可以晾干帮助去除家里的异味。将喝剩下的茶渣晒干装入纱布袋里，放在冰箱，可以吸附冰箱里食物的异味，如去鱼、肉类散发出来的腥味。放在厨房里，可以去除烹饪产生的气味；还可以放在厕所里消除臭味；放在鞋中，可消除鞋内的潮湿和臭味。

### 去除家具异味和油垢

　　家里买的新家具都会有刺鼻的油漆味、甲醛味或橡胶皮革味，想要去除这种味道可以用浓茶水浸湿抹布，反复擦拭几次，就能去除异味。家具用久了会有油垢和污垢，用茶水浸渍的软布擦洗旧家具，能除去油垢，令家具光亮如新。还可以用丝袜装少许干茶叶放在新衣柜中当除臭剂。

### 清洗餐具

　　喝剩的残茶叶不要丢掉，用来洗油腻腻的餐具刚刚好！清洗锅碗时，在洗碗布上倒上一些茶叶渣，锅碗不仅便于清洗，而且会看起来光洁如新，上面还会留一些淡淡的清香。用残茶叶擦洗有油腻的桌面、灶台也可以。

### 吸附灰尘

　　茶叶的吸附作用极强，不但可以吸收水分，还可以吸附灰尘。残茶叶晾干后，撒在地毯上，再用扫帚拂去，茶叶能带走地毯上的灰尘，这样清洁地毯很方便。

　　还可以用残茶叶涂抹镜子、玻璃门窗、家具、泥污的皮鞋、深色衣服等，都可以去污除尘。

### 除海鲜的腥味

做清蒸鱼或海鲜等食物时，可以在蒸锅的水开后，打开锅盖淋上一些茶水，这样做出来的海鲜没有腥味。也可以将鱼虾或海鲜处理干净后，用冷茶水再清洗一遍，不仅能去除腥味，而且口味鲜嫩。但最好不要把茶叶直接放入带有海鲜的锅中煮，会破坏海产的鲜味。烹饪用具中有残留的鱼腥味，用热茶水清洗也可以去除掉。

### 汽车玻璃清洁剂

汽车的前挡玻璃一到下雨天就会模糊，怎么刷也刷不干净，如果手边没有玻璃清洁剂，可以用茶水代替玻璃清洁剂擦洗前挡玻璃，效果是一样的。

## 🏠 美容保健

### 护发

茶水可以去垢涤腻，用一般的洗发液洗过头发后，再用茶水冲洗，可以去除头皮和头发上的油脂，坚持用茶叶浸泡的水洗头，可以使头发乌黑柔软，富有光泽。而且茶水不含化学剂，不会伤到头发和皮肤，百分百天然滋养。

### 茶叶消除黑眼圈

睡眠不足、用眼过度、熬夜等原因会导致黑眼圈，用喝过的茶叶包敷眼睛可以有效缓解因熬夜、水肿等原因引起的暂时性黑眼圈、眼部浮肿，令双眼焕发神采，这种方法既简单有效，又方便省钱。

另外，自己在家做眼膜时，先用温热的茶包敷在眼部，10分钟去掉后再敷眼膜，会加速眼部血液循环，更好地吸收眼膜营养，提升效果。

## 抗皱茶糖美容法

茶叶中的儿茶素，是天然抗氧化剂，有利于机体对自由基脂质过氧化物的清除，有益抗击衰老。喝完茶后，滤出茶叶渣，将茶叶渣和红糖各2汤匙加水熬制，加面粉调匀敷面，15分钟后，再用湿毛巾擦净脸部，一个月后肌肤即可滋润白皙！

## DIY绿茶面膜

绿茶中所含的单宁酸成分可增加肌肤弹性，有助于润肤养颜，可以用绿茶末来制作面膜敷在脸上，先将绿茶末与纯水放在一个盒子里调成糊状，然后加入甘油，进行搅拌，再加入一半数量的洗面奶，搅匀即可。用的时候取一小勺，涂于面部，待15分钟后冲洗。绿茶面膜还具有杀菌作用，对粉刺、化脓也很有疗效。

## 美肌茶浴

收集饮茶后的茶渣，自然晾干后装入棉布袋中，系紧袋口后投入浴缸，浴后会感觉到肌肤柔和嫩滑，因为绿茶能深层清洁肌肤，具有柔软角质层、使肌肤细嫩美白的功效。

 其他

## 茶叶枕

泡水剩下的茶叶不要丢掉，可以摊开晾干，长期收集下来，用来做枕芯。茶叶枕可以清神醒脑、增进思维能力。而且茶叶做成枕头还很清香，能使人安眠。

## 驱除蚊虫

将用过的茶叶晒干，夏天的时候在屋内点燃，可以驱除蚊虫，和蚊香有相同的效果，而且对人体无害。

## 花草肥料

冲泡过的茶叶仍有无机盐、糖类等养分，堆掩在花圃里或花盆里，能帮助花草的发育与繁殖。

# 牙膏

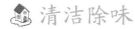 清洁除味

### 清洁茶杯渍

茶杯和咖啡杯用久了就会有茶垢和咖啡渍，很不容易清洗干净，这时候可以将牙膏挤在湿的抹布上，然后用抹布反复擦洗杯子内部，用清水冲洗后，杯子上所有的茶垢都消失了。家里桌面、厨房案台上也会有残留的水渍、咖啡渍，用同样的办法就可以清理掉。

### 清洁水龙头

厨房和洗手间的水龙头每天都要使用，不锈钢的水龙头很容易留下水渍和油污，使水龙头看起来脏兮兮的。挤出拇指盖大小的牙膏在水龙头上涂抹均匀，然后再用水清洗掉牙膏，水龙头就能光亮如新了。清洗不锈钢的器皿，也可以用这种方法。

### 清洁厨房灶台

我们在炖煮东西时，会不小心将锅中的食物和汤汁溢出锅外，从而弄脏灶台。如果没有及时清洁就会变成顽固污垢，真的很难清理掉。去除顽固污垢的办法是用热水浸湿抹布，拧干后盖在污垢处，不久污垢便会软化浮起，然后在洗碗布上挤上一些牙膏，用力刷除污垢，再用湿抹布擦干净就行了。

### 清洗葡萄

葡萄上有一层白霜，往往很难用清水清洗掉。在吃葡萄时，先将葡萄一颗颗掰下来，注意不要将葡萄皮弄破，要保留其完整性。先将葡萄用盐水浸泡片刻，再将牙膏挤在手心去轻轻揉搓葡萄，去掉白霜，然后用清水洗干净即可。

## 除涂鸦

　　家里的墙壁如果不小心用笔画上了印记，或者是小朋友顽皮在墙上胡乱涂鸦了，洁白的墙壁就变得不好看了。用抹布或纸巾涂些牙膏，然后轻轻擦拭有涂鸦的地方，很快就擦干净了。地面、沙发或门上的涂鸦也可以用牙膏擦掉。写钢笔字时，如写错了字，抹一点儿牙膏，一擦就干净。

## 粘贴画

　　想要在墙壁上贴照片或图画，又怕用胶水会损坏墙壁，可以用牙膏代替。用牙膏贴画，既牢靠又不会损坏墙壁。如果取下的话，只要用水沾湿画上有牙膏的部

位，就可以很容易地取下来。

## 除刮痕

　　手表戴久了，表盘上会有划痕，用少许牙膏涂在表盘上，拿软布反复擦拭，即可将细小的划纹除去。汽车不小心剐蹭一小块，可以不需要浪费钱去洗车，在刮痕还没渗入车漆前，将牙膏挤在抹布上，擦拭剐蹭处，擦痕就干干净净了。

## 擦银饰

　　银饰和银器用久了就会黯淡无光或发黑，佩戴着很不美观，这是因为表面的银被氧化导致的。首先把银饰用清水打湿，然后用少许牙膏擦洗银饰，再用清水冲洗干净，银饰就变得光亮许多。

### 洗鞋擦鞋

白色或白色鞋边的鞋子穿久了就会发黄、不好看，用白色的牙膏洗白色鞋子可以防止发黄。把鞋子浸泡在水中打湿，然后把牙膏挤在海绵上，用海绵擦洗鞋子，特别是白色鞋边，注意牙膏不要留在鞋子上太长时间。洗完后用清水冲洗，不干净的地方可以再次擦洗，晾干后白得跟新的一样。擦皮鞋时，将少许牙膏和在鞋油中擦拭，皮鞋也会更光亮。

### 清除衣物污渍

衣服沾上了油渍，可能用洗涤剂很难清洗干净，那就用牙膏试试吧！在衣服有油渍的地方挤些牙膏涂在上面，用手轻轻揉搓几次，再用清水漂洗干净，就可以清除掉了。衣服上的墨迹、水笔印也可以用牙膏反复揉搓清洗。

### 洗掉手上异味

在处理一些味道较大的食材时，手上往往会残留异味。如刚切完大蒜和洋葱，可以抹点儿牙膏在手上，搓洗后用清水冲干净，手上就没有异味了。处理完鱼之后，手上一直有一股鱼腥味，可以先用肥皂水洗一遍手，再用牙膏搓洗，能去除大部分异味。

美容保健

### 除粉刺和黑头

牙膏可以祛黑头，但要用纯白的牙膏。将牙膏均匀涂抹在黑头或粉刺上，涂至全白色为止，静置5~10分钟，待到鼻子上的牙膏不凉了，就用清水洗掉。但注意不要天天做，因牙膏可能会伤害到皮肤，一星期一次就行，坚持一段时间后鼻上的毛孔就会收缩很多。

## 让指甲光亮

女孩子都喜欢涂指甲油，但其实指甲油不好清除掉而且清除的时候会损伤指甲，导致指甲没有光泽，变得暗黄。可以将牙膏涂在指甲上，静置几分钟后轻轻擦洗，指甲就能红润有光泽了。

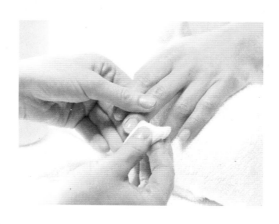

## 治烫伤

被开水烫伤或是炒菜时被油溅到的时候，可用少许牙膏涂抹伤处，能起到消炎止痛、预防感染的作用。注意轻微烫伤或是小面积的皮肉伤都可以在伤口涂上牙膏，但烫伤程度较深的话，应立即就医。

## 止痛

冬季手脚受冻时，可用纱布蘸取牙膏在红肿处摩擦，帮助活血消淤。发生皲裂时，在裂口处涂上一些牙膏，能够止痛，防止感染，促进早日愈合。坐车坐久了会发生头痛、头晕，可以在太阳穴涂上牙膏，因为牙膏中有薄荷脑、丁香油，可以镇痛。

## 止痒消痱

夏天天气炎热，怕热的人经常会在额头、脖子、后背长痱子，又痒又难受还影响形象，牙膏也可以治痱子。洗澡的时候，在湿毛巾上涂少许牙膏在痱子多的部位进行搓洗，再用清水洗净，连用几次就能止痒消痱。被蚊子咬了之后涂抹薄荷牙膏，也能止痒、消除红肿。

## 消炎治皮癣

脚气患者的脚趾间非常容易出现浸渍、溃烂及奇痒感，牙膏可以消炎止脚气。每天洗完脚之后，挤少量牙膏涂抹在脚气部位，这样坚持做一段时间后，脚气的脱皮、水肿、奇痒症状就会消失。女性若有轻微的阴道炎症，可在水里放入少量的牙膏，搅拌均匀后再清洗患处，症状可消失。

# 肥皂

## 🏠 清洁除味

### 去除皮革衣服的霉斑

家里的皮革衣服若是保存不得当，就很容易长霉斑。这时候可以用毛巾蘸一些肥皂水在衣服有霉斑的地方轻轻擦拭几次就可以去掉了，然后再用毛巾蘸少许清水擦拭，晾干后涂上皮革保护油就行了。

### 除异味

梅雨或回南天的时候，空气中的湿气太大，家里的壁柜、抽屉和衣服上就会有一股霉味。只需要在抽屉和壁柜里放一块拆掉包装纸的肥皂，霉味就能消除。厕所异味也可以用肥皂消除，将拆掉包装的肥皂或者是快用完的肥皂放在厕所一角，肥皂挥发出的香味就能掩盖住厕所异味。

### 清洗用具

用肥皂清洗不锈钢器皿，可以去除水渍和污渍。锅底用火烧过留下来的煤烟垢很难除掉，但是如果在使用前就往锅底涂上一层肥皂，用完锅具后再去清洗污垢，一直用这样的方法做过之后，锅底积累的污垢就可以慢慢除掉了。粉刷过墙壁的刷子很难清洗吧？把它放在肥皂水里浸泡一段时间，再用清水冲洗就干净了。

### 自制洗手液

快要用完的肥皂往往是小小的一块，用来清洁东西会很困难，但是丢掉又很浪费，正好可以利用起来，自制洗手液。将肥皂块在锅中加水煮成糊状液体，可以根据自己的喜好在肥皂水放入香水、精油或是带有香味的花，也可以加入蜂蜜、芦荟汁等润肤的东西，然后倒入挤压瓶中就可以用了。

## 身体护理

### 治蚊子叮咬

夏天蚊虫较多，若是被蚊子叮咬后，皮肤就会发肿发痒，可以用肥皂蘸上一点儿清水，涂在被叮咬的地方，就可以消肿止痒。若是被一些小虫子叮咬或是被蜜蜂蜇伤，也可以用这种方法消除疼痛感和红肿。

### 缓解烫伤和烧伤

当不小心被开水烫伤或者被火烧伤时，首先要立即将患处置于流水下冲洗大约15分钟，进行降温处理。若是患处皮肤没有溃烂，就可以涂抹一些肥皂水消肿、缓解疼痛感，然后再及时去就医。但是患处出现了溃烂就不能用这种方法了。

### 防镜片雾气

戴眼镜的人在冬天都会遇到一种很"尴尬"的情况，就是眼镜镜片上会起白色的雾气。尤其是从室外气温低的地方一下子进入到气温较高的室内，室内空气中的水蒸气遇到冰冷的镜片就会凝结成白色的水雾，不仅不美观，还会让人看不见东西。但是用半干的肥皂均匀地涂抹在镜片上，再用眼镜布擦亮镜片，就可以防止雾气产生了。

### 洗胃催吐

如果小孩子不小心吞食了不能消化的异物，或者家人吃错了东西导致食物中毒，在紧急情况下，可以先喝一些肥皂水催吐，有利于治疗。将肥皂切一些下来用温水溶解开，成人喝300～500毫升，小孩喝100～200毫升，把异物或有毒物呕吐出来，以减轻中毒程度，再及时就医。

其他

## 让物品易拉动

新衣服的拉链往往比较生涩，用肥皂在拉链上上下涂抹几个，就变得顺滑了。衣服穿久了，拉链也会比较卡，用同样的方法也能让拉链变得顺滑。家里的抽屉不太容易拉动时，可以用肥皂直接涂在轨道处，就会容易拉动了。窗帘如果难以拉动，可以在窗帘的拉绳上抹肥皂，来回拉动几次后，启合窗帘就会轻松许多。

## 省力移动家具

在家里移动重家具和其他重物时，如果地面摩擦比较大就不太容易移动。可以用拖把蘸肥皂水在地板上抹一条家具挪移的轨道，然后用手拉着家具顺着"轨道"滑动，这样就能轻松移动家具，还可以省下很多力气。也可以直接在家具下垫一片小肥皂移动。

## 防止浴室镜面模糊

浴室中的镜子因为洗澡时的热水，常常被水蒸气熏得模糊不清，可以用毛巾蘸肥皂水涂抹在镜面上，再用干毛巾擦拭，就可以防止镜面模糊了，这是因为肥皂水在镜面上形成了一层保护膜。当然用洗洁精擦拭也可以达到一样的效果。